肉牛规模化生态养殖技术问答

◎张 健 黄德均 廖洪荣 主编

中国农业科学技术出版社

图书在版编目（CIP）数据

肉牛规模化生态养殖技术问答 / 张健，黄德均，廖洪荣主编．—北京：中国农业科学技术出版社，2019.5

ISBN 978-7-5116-4055-0

Ⅰ.①肉…　Ⅱ.①张…②黄…③廖…　Ⅲ.①肉牛-饲养管理-问题解答　Ⅳ.①S823.9-44

中国版本图书馆 CIP 数据核字（2019）第 028807 号

责任编辑　张国锋
责任校对　马广洋

出 版 者　中国农业科学技术出版社
　　　　　北京市中关村南大街 12 号　邮编：100081
电　　话　(010)82106636(编辑室)　(010)82109702(发行部)
　　　　　(010)82109709(读者服务部)
传　　真　(010)82106631
网　　址　http://www.castp.cn
经 销 者　各地新华书店
印 刷 者　北京富泰印刷有限责任公司
开　　本　850mm×1 168mm　1/32
印　　张　6.5
字　　数　203 千字
版　　次　2019 年 5 月第 1 版　2019 年 5 月第 1 次印刷
定　　价　29.80 元

《肉牛规模化生态养殖技术问答》
编写人员名单

主　编： 张　健　黄德均　廖洪荣

副主编： 蒋　安　高立芳　向白菊　董贤文

参　编： 范　彦　何　玮　王冲莉　徐远东
冉启凡　王　玲　黄文明　张龚炜
付树滨　沈贵平　孙晓燕　唐　露
刘　洪　袁春兵　王国泽　张　鹏
雷培奎　蒋林峰　贺小军　罗贵巧
胡永慧　邱常兵　熊定奎　李　潇
余中奎

前　言

近年来，我国养牛业在稳量保质的基础上，加快转型升级，加快向现代化迈进。规模化水平不断提升，肉牛50头以上规模养殖场比例约达30%。生产结构得以优化，“粮改饲”试点面积扩至1 300万亩（1亩≈667m^2）以上，以牛业为主导的新型种养模式大量涌现，有效带动草食畜牧业蓬勃发展。肉牛业，需从传统养殖开发、生产和经营模式向现代高科技养殖开发、生产和经营模式转化，向规模化生态养殖转化。

《肉牛规模化生态养殖技术问答》以传播农村生态养牛致富实用技术为主要目标。在内容上，突出实用性，包括实用的技术理论及常见的问题；在形式上，应用大量实际图片，形象直观地展现图书内容，使读者易懂易学。本套图书直接面向农村、农业基层，本着让农民买得起、看得会、用得上的原则，使广大农民从中受益。本书在编写过程中，得到了西北农林科技大学昝林森教授、西南大学左福元教授、王琳副教授等老师的指导以及相关肉牛养殖企业的大力支持，在此一并表示诚挚的谢意。本书由国家重点研发计划课题“西南丘陵山区优质肉牛高效安全养殖技术应用与示范”和重庆市科技局社会民生扶贫项目“肉牛高效生态养殖技术示范推广”资助。

限于编者水平有限，本书难免有遗漏、不妥和错误之处，敬请专家、读者和同行指正。

编者

2019年1月

目　录

第一章　牛场规划建设

第一节　场址选择

1. 肉牛场场址选择基本思路有哪些?

牛场选址的基本思路必须适应于现代化养牛业的需要，必须与农牧业发展规划、农田基本建设规划以及修建住宅等规划结合起来。场址的选择要有周密考虑、通盘安排和比较长远的规划。应选择在各级政府规划的禁养区以外，禁止在风景旅游区、自然保护区、古建筑保护区、水源保护区、城镇建成区及规划区、工业等公害污染严重环境区建场。所选场址要有发展的余地，要便于给牛创造适宜的生活环境，保障牛的健康和生产的正常运行，便于防疫要求合理进行场地规划和建筑物布局，确定畜舍的朝向和间距，设置消毒设施，合理安置污物处理设施等。场址必须符合家畜对各种环境条件的要求，包括温度、湿度、自然通风、自然光照、空气中的二氧化碳、氨、硫化氢，为家畜创造适宜的环境。新建牛场应在高速公路 1km 以外选址建场。如条件允许还可考虑便于就地取材，采用当地建筑施工习惯，适当减少附属用房面积。

2. 肉牛场场址选择有哪些基本要求?

修建牛舍的目的是给牛创造适宜的生活环境，保障牛的健康和生长的正常运行。花较少的资金、饲料、能源和劳力，获得更多的畜产品和较高的经济效益。肉牛场场址选择主要有以下一些基本要求。

（1）地势高燥。肉牛场应建在地势高燥、背风向阳、地下水位较低，具有缓坡的北高南低、总体平坦的地方。切不可建在低凹处、风口处，以免排水困难，汛期积水及冬季防寒困难。

（2）土质良好，土质以沙壤土为好。土质松软，透水性强，雨水、尿液不易积聚，雨后没有硬结，有利于牛舍及运动场的清洁与卫生干燥，有利于防止蹄病及其他疾病的发生。

（3）水源充足。要有充足的符合卫生要求的水源，保证生产生活及人畜饮水。水质良好，不含毒物，确保人畜安全和健康。

（4）草料丰富。肉牛饲养所需的饲料特别是粗饲料需要量大，不宜运输。肉牛场应距秸秆、青贮和干草饲料资源较近，以保证草料供应，减少运费，降低成本。

（5）交通方便。架子牛和大批饲草饲料的购入，肥育牛和粪肥的销售，运输量很大，来往频繁，有些运输要求风雨无阻，因此，肉牛场应建在离公路或铁路较近的交通方便的地方。

（6）卫生防疫。远离主要交通要道、村镇工厂 500m 以外，一般交通道路 200m 以外。还要避开对肉牛场污染的屠宰、加工和工矿企业，特别是化工类企业。符合兽医卫生和环境卫生的要求，周围无传染源。

（7）节约土地，不占或少占耕地。

（8）避免地方病。人畜地方病多因土壤、水质缺乏或过多含有某种元素而引起。地方病对肉牛生长和肉质影响很大，虽可防治，但势必会增加成本，故应尽可能避免。

（9）气象条件好。要综合考虑当地的气象因素，如最高温度、最低温度，湿度、年降水量、主风向、风力等，以选择有利地势。

（10）社会联系。应便于防疫，距村庄居民点 500m 外下风处，距主要交通要道（公路、铁路）500m，距化工厂、畜产品加工厂等 1 500m 以外，交通供电方便，周围饲料资源尤其是粗饲料资源丰富，且尽量避免周围有同等规模的饲养场，避免原料竞争。符合兽医卫生和环境卫生的要求，周围无传染源，无人畜地方病。

3. 肉牛场选址的几个关键点?

(1)为牛创造适宜的环境。一个适宜的环境可以充分发挥牛的生产潜力，提高饲料利用率。一般来说，家畜的生产力20%取决于品种，40%~50%取决于饲料，20%~30%取决于环境。不适宜的环境温度可以使家畜的生产力下降10%~30%。此外，即使喂给全价饲料，如果没有适宜的环境，饲料也不能最大限度地转化为畜产品，从而降低了饲料利用率。由此可见，修建畜舍时，必须符合家畜对各种环境条件的要求，包括温度、湿度、通风、光照、空气中的二氧化碳、氨、硫化氢，为家畜创造适宜的环境。

(2)要符合生产工艺要求，保证生产的顺利进行和畜牧兽医技术措施的实施。肉牛生产工艺包括牛群的组成和周转方式，运送草料、饲喂、饮水、清粪等，也包括测量、称重、采精输精、防治、生产护理等技术措施。修建牛舍必须与本场生产工艺相结合。否则，必将给生产造成不便，甚至使生产无法进行。

(3)严格卫生防疫，防止疫病传播。流行性疫病对牛场会形成威胁，造成经济损失。通过修建规范牛舍，为家畜创造适宜环境，将会防止或减少疫病发生。此外，修建畜舍时还应特别注意卫生要求，以利于兽医防疫制度的执行。要根据防疫要求合理进行场地规划和建筑物布局，确定畜舍的朝向和间距，设置消毒设施，合理安置污物处理设施等。

(4)要做到经济合理，技术可行。在满足以上三项要求的前提下，畜舍修建还应尽量降低工程造价和设备投资，以降低生产成本，加快资金周转。因此，畜舍修建要尽量利用自然界的有利条件(如自然通风、自然光照等)，尽量就地取材，采用当地建筑施工习惯，适当减少附属用房面积。畜舍设计方案必须通过施工能够实现的，否则，方案再好而施工技术上不可行，也只能是空想的设计。

4. 肉牛场占地面积如何确定?

肉牛生产、牛场管理、职工生活及其他附属建筑等需要一定场地、空间。牛场大小可根据每头牛所需面积、结合长远规划计算出来。牛舍及房舍的面积为场地总面积的15%~20%。舍饲肉牛场牛位宽一般为1~1.2m，小群饲养每头牛占地面积不小于3.5m²、一般以6~8m²为宜。其他配套设施用地面积按每头牛10m²算；由于牛体大小、生产目的、饲养方式等不同，每头牛占用的牛舍面积也不一样。肥育牛每头所需面积为1.6~4.6m²。通栏肥育牛舍有垫草的每头牛占2.3~4.6m²，有隔栏的每头牛占1.6~2.0m²。

第二节　场区规划与场内布局

1. 肉牛场规划设计要点？

肉牛场场区规划应本着因地制宜和科学饲养的要求，合理布局，统筹安排。考虑今后发展，留有余地，利于环保。场地建筑物的配置应做到紧凑整齐，提高土地利用率，节约用地，不占或少占耕地，供电线路、供水管道节约，有利于整个生产过程和便于防火灭病，并注意防火安全。

2. 肉牛场如何分区？

建筑设施按生活管理区、生产区和隔离区布置。各功能区界限分明，联系方便。各功能区间距应不小于50m，并有防疫隔离带或墙。

生活管理区设在场区常年主导风向的上风向以及地势较高处，主要包括生活设施、办公设施、与外界接触密切的生产辅助设施等。生产区设在场区中间，主要包括牛舍与有关生产辅助设施。隔离区设在场区下风向或侧风向及地势较低处，主要包括兽医室、隔离牛舍、贮粪场、装卸牛台和污水池。兽医室、隔离牛舍应设在距最近牛舍50~100m以外的地方，应设后门。饲料库和饲料加工车间设在生产区、生活区之间，应方便车辆运输。草场设置在生产区的侧向，有专用通道通向场外，草垛距离房舍50m以上，牛舍一侧设饲料调制间和更衣室。与外界应有专用道路相连通，场内道路分净道和污道，两者严格分开，不得交叉混用。

3. 肉牛场各区的作用与要求是什么？

场区按功能划分为既紧密相连又相对独立的四个区，即管理办公区、辅助生产区、肉牛生产区和粪污处理区。各区内分别建设各种相应的设施。各区之间用围墙和绿化隔离带明确分开，在各区间建立相互联系的各种通道。

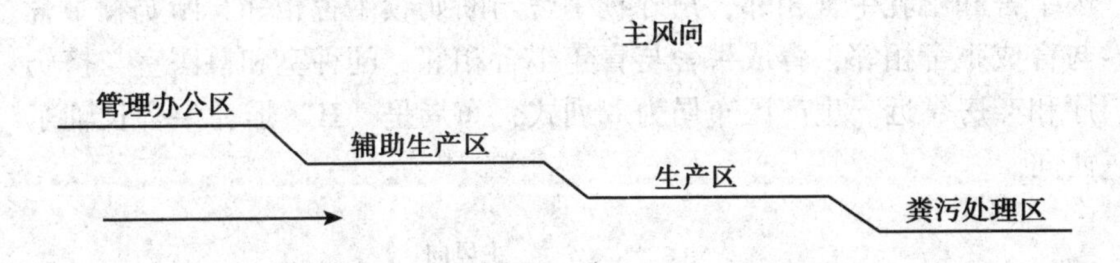

（1）管理办公区。布置于场区的上风口，设置主干道与场外公路连接，便于与外界联系。其内主要建设办公室、会议室、工作人员休息室等设施，在其前面中央或一角建大门，设门卫和收发室。管理办公区设置相应的通道与辅助生产区和生产区相连，便于工作人员通行。考虑成本问题，管理办公区不宜过大，够用就好。

（2）辅助生产区。主要建设肉牛生产的辅助设施，包括精料库、干草棚、青贮窖、饲料加工间、库房、机修间、锅炉房、水井和泵房、配电房、地磅房等设施。辅助生产区布置于肉牛生产区的侧面。辅助生产区必须与肉牛生产区相连，因为这两个区在日常运行期间发生的关系最多，其中主要是日粮的运输，如此布局有利于缩短运输距离，节约生产成本。但是此二区须建设围墙隔开，有利于防疫，同时可以减小加工所产生的噪声对肉牛产生的不利影响。辅助生产区必须与外界相连，便于原料的运输。辅助生产区内干草棚要做好防火措施，水井要做好防污措施。青贮窖、干草棚、精料库和饲料加工间邻近建设，便于制作全混合日粮（TMR）。考虑到泌乳牛是整个牛群中比例最大的，最好将日粮供应系统与泌乳牛舍靠近建设，更方便快捷地为泌乳肉牛提供TMR，减少运输距离，降低生产成本。

（3）肉牛生产区。该区是牛场的主体，前面与辅助生产区相邻，后面与粪污处理区相接，相互间由围墙隔开，生产区入口处设置车辆消毒池和人员消毒更衣室。生产区内建设泌乳牛舍、干奶肉牛舍、青年牛舌、育成牛舍、断奶犊牛舍、哺乳犊牛舍、产房、运动场与凉棚、挤奶厅、兽医室、配种室、肉牛走廊等设施。区内中间设净道，用于饲料的运进；两旁设污道，用于粪便的运出。各舍之间设便道，用于饲料的运进、粪便的运出和牛的调动。产房与户外犊牛栏、干奶肉牛舍和泌乳牛舍相邻，户外犊牛舍与断奶犊牛舍相邻，断奶犊牛舍与育成牛舍相邻，育成牛舍与青年牛舍相邻，配种室和兽医室与挤奶厅和产房靠近。生产区布局为双列式，布局呈“H”形，牛舍长轴东西向。

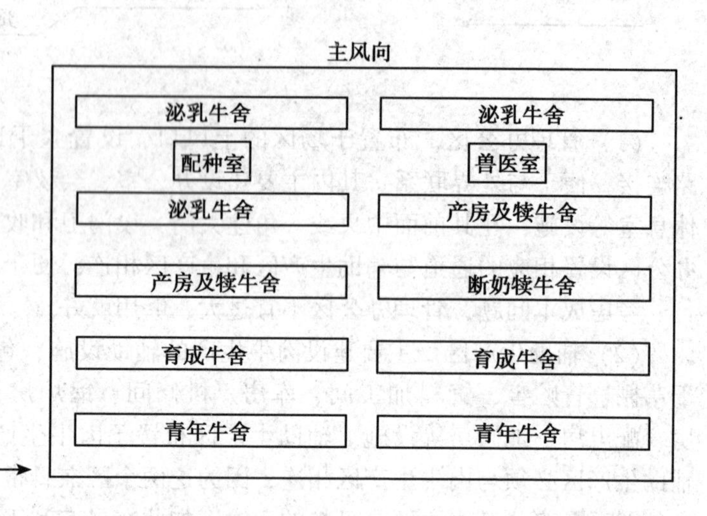

（4）粪污处理区。该区的主要功能是将场区的废弃物（牛的排泄物及生产、生活废水）作无害化处理和短期贮存。同时在该区建设有机肥加工厂和沼气发酵装置，以牛粪为原料生产特种有机复合肥和沼气，保护环境的同时也创造了经济效益。该区必须以围墙与生产区隔开，向场区外单独开门，以便将处理后的牛粪、废水和其他相关产品直接运出牛场。

（5）病牛隔离区。该区远离生产区，尸坑和焚尸炉距畜舍300~500m。病牛区便于隔离，单独通道，便于消毒，便于污物处理等。

病畜管理区四周砌围墙，设小门出入，出入口建消毒池、专用粪尿池，严格控制病牛与外界接触，以免病原体扩散。

4. 肉牛场基本设施有哪些？

（1）草库。大小根据饲养规模、粗饲料的储存方式、日粮的精粗料比、容重等确定。用于储存切碎粗饲料的草库应建得较高。草库应设防火门，距下风向建筑物应大于50m。

（2）精料库和饲料加工间。包括原料库、成品库、饲料加工间等。原料库房内应宽敞、干燥、通风良好。地面以水泥地面为宜，房顶要具有良好的隔热、防水性能，窗户要高，门窗注意防鼠，整体建筑注意防火等。

（3）青贮窖或青贮池。青贮窖或青贮池应建在饲养区，靠近牛舍的地方，位置适中，地势较高，防止粪尿等污水浸入污染，同时要考虑进出料时运输方便，减小劳动强度。根据地势、土质情况，可建成地下式或半地下式长方形或方形的青贮窖，长度以需要量确定。

（4）消毒室和消毒池。在饲养区大门口和人员进入饲养区的通道口，分别修建供车辆和人员进行消毒的消毒池和消毒室。车辆用消毒池的宽度以略大于车轮间距即可，池底低于路面，坚固耐用，不渗水。供人用消毒池，采用踏脚垫浸湿药液放入池内进行消毒。消毒室大小可根据外来人员的数量设置，一般为串联的2个小间，其中一个为消毒室，内设小型消毒池和紫外线灯，紫外线灯每平方米功率不少于1瓦，另一个为更衣室。

（5）沼气池。建造沼气池，把牛粪、牛尿、剩草、废草等投入沼气池封闭发酵，产生的沼气供生活或生产用燃料，经过发酵的残渣和废水是良好的肥料。目前，普遍推广水压式沼气池，这种沼气池具有受力合理、结构简单、施工方便、适应性强、就地取材、成本低等优点。

（6）地磅。对于规模较大的肉牛场应设地磅，以便对各种车辆和牛等进行称重。

（7）堆粪场。堆粪场的大小根据牛的大小、数量和堆放时间确定。

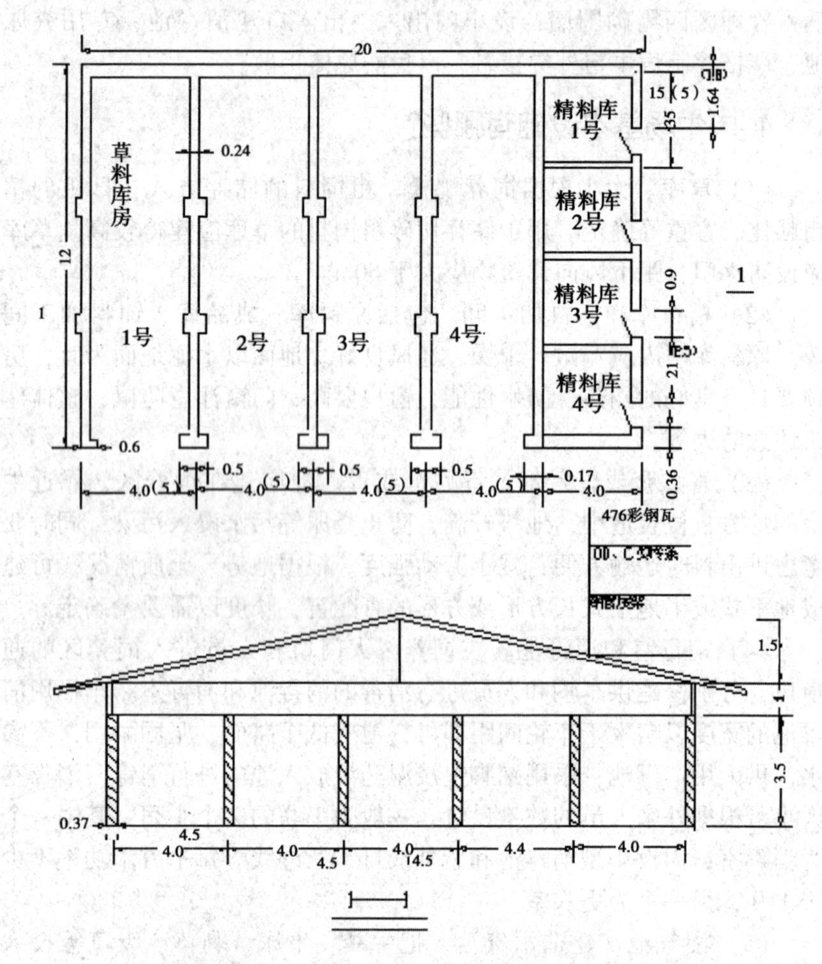

集群、规模养殖草料、精料库简易图

（8）装卸台。可减轻装车与卸车的劳动强度，同时减少牛的损失。装卸台可建成驱赶牛的坡道，坡的最高处与车厢平齐。

（9）排水设施与粪尿池。牛场应设有废弃物储存、处理设施，防止泄漏、溢流、恶臭等对周围环境造成污染。粪尿池设在牛舍外、地势低洼处，且应在运动场相反的一侧。由牛舍粪尿沟至粪尿池之间设地下排水管，向粪尿池方向应有2°~3°的坡度。

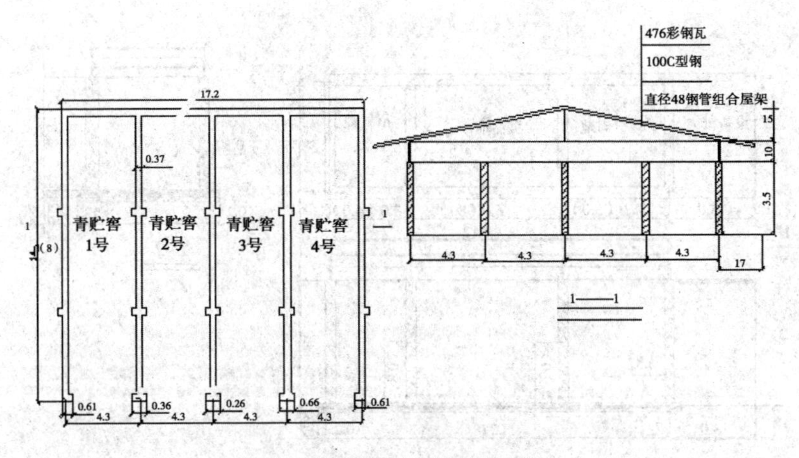

规模、集群养殖青贮窖平面图

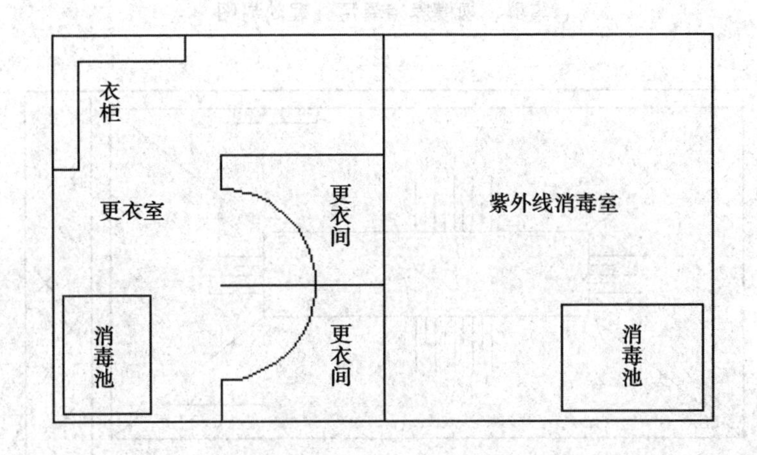

（10）补饲槽和饮水槽。在运动场的适当位置或凉棚下要设置补饲槽和饮水槽，以供牛群在运动场时采食粗饲料和随时饮水。根据牛数的多少决定建饲槽和饮水槽的多少和长短。

5. 肉牛场常用设备有哪些?

（1）保定设备。常用的保定设备有保定架、鼻环、缰绳与笼头，

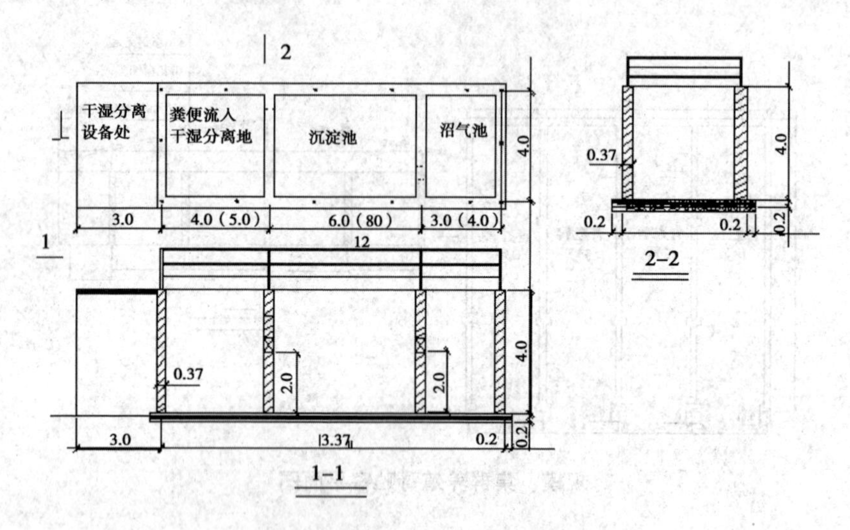

集群、规模养殖粪污处理简易图

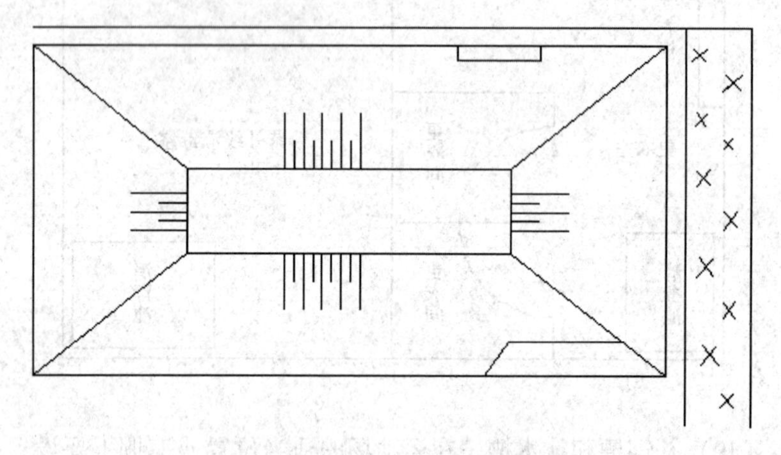

运动场、凉棚、补饲槽和饮水槽图

保定架是牛场不可缺少的设备，用于打针、灌药、编耳号及治疗时使用。未去势的公牛有必要带鼻环。采用围栏散养的方式可不用缰绳与笼头，但在拴系饲养条件下是不可缺少的设备。

（2）卫生保健设备。牛刷拭用的铁挠、毛刷，旧轮胎制的颈圈

(特别是拴系式牛舍)，清扫牛舍用的叉子、三齿叉、扫帚，测体重的磅秤、耳标，削蹄用的短削刀、镰，无血去势器，吸铁器、体尺测量器械等。

(3) 饲料生产与饲养器具。大规模生产饲料时，需要各种作业机械，如拖拉机和耕作机械；制作青贮时，应有青贮料切碎机；一般肉牛育肥场可用手推车给料，大型育肥场可用拖拉机等自动或半自动给料装置给料；切草用的铡刀、大规模饲养用的铡草机；还有称料用的计量器，有时需要压扁机或粉碎机等。

6. 肉牛场防疫设施设备有哪些?

为了加强防疫，首先场界划分应明确，在四周建围墙活挖沟壕，并与种树相结合。防止场外人员与其他动物进入场区。牛厂生产区大门、各牛舍的进出口处应设脚踏消毒池，大门进口设车辆消毒池，并设有人的脚踏消毒池（槽）或喷雾消毒室、更衣换鞋间。如果在消毒室设紫外线杀菌灯，应强调安全时间（3~5min），一过式（不停留）的紫外线杀菌灯的照射无法达到消毒目的。

7. 肉牛运动场设施设备有哪些?

运动场是肉牛每日定时到舍外自由活动、休息的地方，使牛受到外界气候因素的刺激和锻炼，增强机体代谢机能，提高抗病力。运动场应选择在背风向阳的地方，一般利用牛舍间距，也可设置在牛舍两侧。如受地形限制也可设在场内比较开阔的地方。运动场的面积，应保证牛的活动休息，又要节约用地，一般为牛舍建筑面积的3~4倍。

(1) 运动场地面处理。最好全部用三合土夯实，要求平坦、干燥、有一定坡度，中央较高。为排水良好，向东、西、南倾斜。运动场围栏三面挖明沟排水，防止雨后积水运动场泥泞。每天牛上槽时进行清粪并及时运出，随时清除砖头、瓦块、铁丝等物，经常进行平垫保持运动场整洁。

(2) 运动场围栏。运动场围栏用钢筋混凝土立柱式铁管。立柱间距3m一根，立柱高度按地平计算1.3~1.4m^2，横梁3~4根。

(3) 运动场饮水槽。按50~100头饮水槽5m×1.5m×0.8m（两侧饮水)，水槽两侧应为混凝土地面。

（4）运动场凉棚。为了夏季防暑，凉棚长轴应东、西向，并采用隔热性能好的棚顶。凉棚面积一般每头成乳青年牛、育成牛为 3~4m^2。另外可借助运动场四周植树遮阴，凉棚内地面要用三合土夯实，地面经常保持 20~30cm 沙土垫层。

8. 肉牛场附属设施有哪些?

（1）饲料库。建造地址应选在离每栋牛舍的位置都较适中，而且位置稍高，既干燥通风，又利于成品料向各牛舍运输。

（2）干草棚及草库。尽可能地设在下风向地段，与周围房舍至少保持 50m 以远距离，单独建造，既防止散草影响牛舍环境美观，又要达到防火安全。

（3）青贮窖或青贮池。建造选址原则同饲料库。位置适中，地势较高，防止粪尿等污水入浸污染，同时要考虑出料时运输方便，减小劳动强度。

（4）兽医室，病牛舍。应设在牛场下风头，而且相对偏僻一角，便于隔离，减少空气和水的污染传播。

（5）办公室和职工住舍。设在牛场之外地势较高的上风头，以防空气和水的污染及疫病传染。养牛场门口应设卫门消毒室和消毒池。

9. 肉牛场道路、院坝、绿化、围墙等有哪些要求?

牛场内道路实行净、污分道，互不交叉，出、入口分开。人员、饲料及产品进出走净道；粪便、病牛及废弃物、污染设备运输走污道。牛场场地最好有 1%~3%的坡度，场区内实行雨污分离排出。建立封闭排污沟、干粪堆积发酵池和污水处理池（或沼气池），使生产和生活污水经暗沟污水道进入污水处理池（或沼气池），雨水经明沟（净水道）排放，实现牛场污染减量化和粪便处理无害化。牛场周围应建围墙或设防疫沟。牛舍结构采用砖混结构或轻钢结构。牛舍围护结构应能防止动物侵入，围护材料保温隔热。牛舍内墙墙面应耐酸碱，利于消毒药液清洗消毒。

牛场统一规划布局，因地制宜地植树造林，栽花种草是现代化牛场不可缺少的建设项目。场区林带的规划应在场界周边种植乔木和灌木混合林带，并栽种刺笆。场区隔离带的设置主要以分隔场内各区，如生产区、住宅区及管理区的四周，都应设置隔离林带，一般可用杨树、榆树等，其两侧种灌木，以起到隔离作用。道路绿化宜采用塔柏、冬青等四季常青树种，进行绿化，并配置小叶女贞或黄洋成绿化带。运动场遮阳林一般可选择枝叶开阔、生长势强、冬季落叶后枝条稀少的树种，如杨树、槐树、法国梧桐等。总之，树种花草的选择应因地制宜、就地选材、加强管护、保证成活。通过绿化，改善牛场环境条件和局部小气候，净化空气，美化环境，同时也能起到隔离作用。

10. 肉牛场粪污处理与消纳场地规划有什么要求？

以牛场粪便污染“减量化、无害化、资源化”利用为目标，牛场粪便污水处理设施和防疫设施要与圈舍同步设计、同步建设、同步使用。

牛场污水和粪便处理能力和方式应根据牛场规模和周边条件设计，用作肥料还田的牛场，其干粪和污水处理设施分别满足20d以上的厌氧发酵处理周期要求。干粪及粪便渣用作肥料时，不能超过最大农田负荷量，避免造成面源污染和地下水污染。因季节性使用粪便作肥料，以用肥淡季和高温季度为参数设计和建造与粪便量配套的干粪和污水处理池，确保对环境不造成污染。实行排放的牛场，其粪便污水处理后应符合GB 18596（畜禽养殖业污染物排放标准）要求。牛场粪便处理和利用主要实行农牧结合、种养结合，把优质的有机肥经腐熟、堆积发酵后用于种植业，采用生态循环利用模式，走生态农业发展道路。

第三节 肉牛舍建设要求

1. 肉牛舍类型及其优缺点有哪些？

（1）半开放牛舍。三面有墙，向阳一面敞开，有部分顶棚，在敞开一侧设有围栏，水槽、料槽设在栏内，肉牛散放其中。每舍（群）15~20头，每头牛占有面积4~5m^2。这类牛舍造价低，节省劳动力，但冷冬防寒效果不佳。

（2）塑料暖棚牛舍。棚牛舍属于半开放牛舍的一种，是近年北方寒冷地区推出的一种较保温的半开放牛舍。与一般半开放牛舍比，保温效果较好。塑料暖棚牛舍三面全墙，向阳一面有半截墙，有1/2~2/3的顶棚。向阳的一面在温暖季节露天开放，寒季在露天一面用竹片、钢筋等材料做支架，上覆单层或双层塑料，两层膜间留有间隙，使牛舍呈封闭的状态，借助太阳能和牛体自身散发热量，使牛舍温度升高，防止热量散失。

（3）封闭牛舍。四面有墙和窗户，顶棚全部覆盖，分单列封闭舍和双列封闭舍。单列封闭牛舍只有一排牛床，舍宽6m，高2.6~2.8m，舍顶可修成平顶也可修成脊形顶。这种牛舍跨度小，易建造，通风好，但散热面积相对较大。单列封闭牛舍适用于小型肉牛场。双列封闭牛舍舍内设有两排牛床，两排牛床多采取头对头式饲养，中央为通道。舍宽12m，高2.7~2.9m，脊形棚顶。双列式封闭牛舍适用于规模较大的肉牛场，以每栋舍饲养100头牛为宜。

半开放式牛舍，在冬季寒冷时，可以将敞开部分用塑料薄膜遮拦成封闭状态，气温转暖时即可把塑料薄膜收起，从而达到夏季利于通风、冬季能够保暖的目的，使牛舍的小气候得到改善。封闭式牛舍四面都有墙，门窗可以启闭；开放式牛舍三面有墙，另一面为半截墙；棚舍为四面均无墙，仅有一些柱子支撑梁架。封闭式牛舍有利于冬季保温，适宜北方寒冷地区采用，其他三种牛舍有利于夏季防暑，造价较低，适合南方温暖地区采用。

2. 肉牛舍屋顶形式及其优缺点有哪些？

肉牛舍屋顶要求防雨水、风沙，隔绝太阳辐射。要求质轻坚固结实、防水、防火、保温、隔热，抵抗雨雪、强风等外力影响。依屋顶式样分为单坡式、双坡式、钟楼式、半钟楼式等。单坡屋顶是屋顶只有一个坡向，一般跨度较小，适合于单列、小规模养牛；双坡屋顶是最常见的一种屋顶形式，适合于双列或多列、大规模养牛。在生产中为了加强牛舍通风，将双坡式屋顶建筑成“人”字形，其右侧房顶朝向夏季主风向，房顶接触处留 8~10cm 空隙。这样的设计有利于夏季牛舍降温。钟楼式和半钟楼式屋顶是在双坡屋顶上增设双侧或单侧天宙，以加强通风和采光。

3. 肉牛舍内部结构及建设技术要求?

肉牛舍内部结构根据养殖规模和牛舍类型进行设计，饲养头数 50 头以下者，可修建成单列式，50 头以上者可修建为双列式。在对头式中，牛舍中央有 1 条通道，宽 1.5~2.0m，为给饲道。两边依次为牛床、食槽、清粪道。两侧粪道设有排尿沟，宽 0.30~0.40m，微向暗沟倾斜，倾斜度为 1%~5%，以利于排水。暗沟通达舍外贮粪池。贮粪池离牛舍约 5m，池容积每头成年牛为 $0.3m^3$，犊牛为 $0.1m^3$。牛床应是水泥地面，便于冲洗消毒，为防止牛滑倒，地面可抹成粗糙花纹。牛床尺寸为：长 1.5~2.0m，宽 1.0~1.3m。牛床的坡度为 1%~1.5%。牛床前设有固定水泥饲槽，最好用水磨石建造，表面光滑，以便清洁，经久耐用。饲槽净宽 0.6~0.8m，前沿高 0.6~0.8m，内沿高 0.3~0.35cm。自动饮水器是由水碗、弹簧活门和开关活门的压板组成，可在每头牛的饲槽旁边离地约 0.5m 处装置。牛饮水时用鼻镜按下板即可饮水，饮毕活门自动关闭。此外，每栋牛舍前面或后面应设有运动场，成年牛每头占用面积为 $15 \sim 20m^2$，育成牛 $10 \sim 15m^2$，犊牛 $5 \sim 10m^2$。运动场栅栏要求结实光滑，以钢管为好，高度为 1.5m。有条件可以用电缆做栅栏。运动场地面以三合土或沙质土为宜，并要保持一定坡度，以利排水。建牛舍时，地基深度要达到 0.8~1.3m，并高出地面，必须灌浆，与墙之间设防潮层。墙体厚 0.24~0.38m，即二四墙或三七墙，灌浆勾缝，距地面 1.0m 高以下要抹墙裙。层架高度距地面 2.8~3.3m，屋檐和顶棚太高，不利于保温，过低则影响舍内采光和通风。坡屋顶的层架高度取决于肉牛舍的跨度和屋面材料。通气孔设在屋顶，大小规格单列式为 0.7m×0.7m，双列式为 0.9m×0.9m。通气孔应高于屋脊 0.5m，其上设有活门，可以自由开闭，或者安装排气扇。牛舍门应坚固耐用，不设门槛，向外开，宽×高为 2m×2.2m。南窗规格 1.0m×1.2m，数量宜多；

北窗规格 0.8m×1.0m，数量宜少或南北对开。窗台距地面高度为 1.0~1.2m，一般后窗适当高一些。

4. 肉牛舍内部设施设备包括哪些?

（1）牛床。是牛吃料和休息的地方，牛床的长度依牛体大小而异。一般的牛床设计是使牛前躯靠近料槽后壁，后肢接近牛床边缘，粪便能直接落入粪沟内即可。

（2）饲槽。建成固定式的、活动式的均可。水泥槽、铁槽、木槽均可用作牛的饲槽。在饲槽后设栏杆，用于拦牛。

（3）粪沟。牛床与通道间设有排粪沟，沟底呈一定坡度，以便污水流淌。

（4）清粪通道。清粪通道也是牛进出的通道，多修成水泥路面，路面应有一定坡度，并刻上线条防滑。

（5）饲料通道。在饲槽前设置饲料通道，通道高出地面 10cm 为宜。

（6）牛舍的门。肉牛舍通常在舍两端，即正对中央饲料通道设两个侧门，较长牛舍在纵墙背风向阳侧也设门，以便于人、牛出入，门应做成双推门，不设槛。

（7）犊牛栏。犊牛栏休息区由强化聚酯玻璃纤维材料（或其他隔热材料）制成，因此可使犊牛免受紫外线辐射和热辐射的影响，还能防风。其白色的表面还能反射太阳光。从而使犊牛岛内即使在外界高温的情况下内部还能保持凉快。因此专业设计和生产的犊牛栏与某些简易模仿的产品内在品质可能存在较大差异。整体塑造，无接缝，内部易于清洁，减少犊牛的患病率，降低饲养成本。犊牛栏的运动区可以是露天式围栏，在良好的天气状况下供犊牛活动。

（8）牛颈夹。根据不同牛群，选择不同宽度的牛颈夹。当前散栏饲养的趋势是牛颈夹的使用减少，大部分成母牛采食位采用横杠。只在牛舍的一端少量采用颈枷供妊娠检查，个别治疗等兽医处置活动用（但在兽医活动频繁和检疫的需要下，使用自锁颈枷仍非常必要）。在病牛舍、待配种牛群（13~15 月龄后备牛）全部采用牛颈夹。小育成牛可采用斜杠栏枷。

（9）饮水池。散栏牛舍的饮水池一般设在卧栏的一端。每一组肉牛应至少设 2 个饮水池。供水管每分钟的流量在 50~60L。

5. 肉牛舍建设注意的几个关键问题?

随着肉牛养殖业的蓬勃发展，各地都在规划或计划兴建现代化、规模化的肉牛场，但一些肉牛场仓促上马，没有重视前期的规划和设计工作，没有做充分的论证，结果牛场建起来了，运行效果很不理想，没有达到高产高效的目的。现代化肉牛场是一个高投入高产出的项目，运行风险比较高，肉牛场的规划设计是一项复杂的工作，尤其重要，规划设计肉牛场要“以牛为本”，设计出合适的畜牧场。

首先肉牛牛舍的结构样式要合理，不能千篇一律。为了给肉牛创造一个最佳的生活环境，就要求有适应不同地区条件的肉牛舍，其结构样式、通风方式、饲喂方式、粪污处理等都不相同。如果千篇一律，都是一种模式的话，就达不到高投入高产出的目标。肉牛场的规划设计要根据当地的气候条件、地理条件、养殖方式、投资情况综合考虑确定，采取“量身定做”的方式。封闭式牛舍双面饲喂，通风、保温能兼顾，可加装机械清粪系统，平均每头牛占地 $10m^2$。开放式牛舍通风更加流畅，尤其适合南方地区使用，牛舍兼顾了一部分运动场的功能，平均每头牛占地 $10m^2$。卧栏式牛舍适合自由式养殖模式，牛舍通风、保温能兼顾，平均每头牛占地 $8m^2$。其次，肉牛舍建设粪污处理方案一定要考虑周全。畜禽粪便处理不好，不仅造成环境污染，而且很容易造成疾病的传播。在规划养殖场时，要规划好粪污的收集方式，要留出足够的粪污存放和处理的场所。为此，在规划肉牛场时，要遵循以下原则：肉牛场的排水系统应实行雨水和污水的收集输送系统分离，在场区内外设置的污水收集输送系统，不得采取明沟布设；新建、改建、扩建的养牛场应采取干法清粪工艺，要日产日清；粪便贮存设施的位置必须远离各类功能地表水体（距离不得小于 400m），应设在养殖场生产及管理区常年主导风向的下风向或侧风向处；贮存设施应采取有效的防渗处理工艺，防止粪便污染地下水，贮存设施应采取设置顶盖等防止降雨（水）进入的措施。牛粪既是主要的固体污染物，又是一种资源，应遵循减量化、无害化、资源化的原则进行处理，生产有机肥料，既可解决牧场的环境污染，又可为广大农户提供优质有机肥。各个牛舍每天至少清粪两次，运动场每日捡拾一次，牛粪集中运到粪肥加工厂进行槽式无害化处理，达到《畜禽养殖业污染物排放标准》中废渣无害化指标，制成有机肥运出牧场。牧场产出的污水主要来自牛舍和挤奶厅的尿液及冲洗污水，属有机废水，采用生化处理方法最为适宜，确保出水水质达到《畜禽养殖业污染物排放标准》中规定的指标。进行沼气发酵是目前最为经济的处理方式，对沼渣、沼液应尽可能实现综合利用，不能还田利用并需外排的要进行进一步的净化处理，以达到排放标准。

第四节　规模化肉牛场规划建设要点

1. 规模化拴养养殖肉牛场规划建设要点有哪些？

规模化拴系式肉牛牛舍亦称常规牛舍，每头肉牛都用链绳或牛颈枷固定拴系于食槽或栏杆上，限制活动；每头肉牛都有固定的槽位和牛床，互不干扰，便于饲喂和个体观察，适合当前农村的饲养习惯、饲养水平和牛群素质，应用十分普遍。缺点是饲养管理比较麻烦，上下槽、牛系放工作量大，有时也不太安全。当前也有的采取肉牛进厩以后不再出栏，饲喂、休息都在牛床上，一直育肥到出栏体重的饲喂方式，减少了许多操作上的麻烦，管理也比较安全。如能很好地解决肉牛牛舍内的通风、光照、卫生等问题，是值得推广的一种饲养方式。

规模化拴系式肉牛牛舍从环境控制的角度，可分为封闭式牛舍、半开放式牛舍、开放式牛舍和棚舍几种。

2. 规模化垫料养殖肉牛场规划建设要点有哪些？

随着我国肉牛养殖业生产规模化、集约化的迅速发展，在提供市场以牛肉的同时，养殖场也产生了大量的粪尿和污水。国内肉牛养殖企业对于牛粪处理仍然采取堆积存放，这容易造成附近水源的严重污染，使水体富营养化，以水为媒介使某些疫病得到迅速传播和扩散，使人、畜受到极大危害。粪污产生的恶臭气体严重影响周围居民的空气质量，危害人的身心健康，并且对大气造成潜在的污染。养殖场的肉牛体清洁度普遍很低，在后续的屠宰加工过程中会使肉类产品遭致病菌污染，以至于危害到人的健康。生物垫床是一种基于微生物处理动物排泄物的发酵系统，具体做法为在畜舍内铺设一定厚度的合适垫料，在给动物提供舒适栖息环境的同时，使得动物粪尿与垫料混合存放以致发酵成有机肥料。此外，还可有效降低畜舍内有害气体的排放量，力争达到畜舍的零排放。垫料的选择原则是：首先要对动物安全；其次要易于发酵并且对环境无污染；最后，低成本。垫料的种类对深层生物垫床饲养肉牛结构及发酵特性的影响很大，垫料种类对于畜舍氨的挥发有很大影响。单一垫料已经无法满足垫床在发酵速度、舒适度、氨排放量及有害菌等方面的要求。规模化垫料养殖肉牛场可以将牛舍地面用砖块隔成 1～2m 的垫床沟槽，深度 0.8m，垫料铺设深度 0.5m。垫料为锯末（粒径 0.5～1cm）、稻壳、花生壳和泥炭按一定比例混合。

3. 规模化暖棚养殖肉牛场规划建设要点有哪些？

修筑塑膜暖棚牛舍要注意以下几方面问题。

（1）选择合适的朝向。塑膜暖棚牛舍需坐北朝南，南偏东或西角度最多不要超过 15°，舍南至少 10m 应无高大建筑物及树木遮蔽。

（2）选择合适的塑料薄膜。应选择对太阳光透过率高、而对地面长波辐射透过率低的聚氯乙烯等塑膜，其厚度以 80～100μm 为宜。

（3）合理设置通风换气口。棚舍的进气口应设在南墙，其距地面高度以略高于牛体高为宜，排气口应设在棚舍顶部的背风面，上设防风帽，排气口的面积为 0.2m×0.2m 为宜，进气口的面积是排气口面积的一半，每隔 3m 远设置一个排气口。

（4）有适宜的棚舍入射角。棚舍的入射角应大于或等于当地冬至时太阳高度角。

（5）注意塑膜坡度的设置。塑膜与地面的夹角应在 55°～65°为宜。

4. 规模化散养肉牛场规划建设要点有哪些？

近年来，在我国不少地区已开始探索进行肉牛散栏饲养，并配以饲喂、清粪等作业机械化，这说明我国肉牛业正朝向工厂化、现代化方向迈进。但散栏饲养在我国毕竟刚刚起步，还缺少经验，还需要研究和解决以下几个问题。

（1）牛场总体布局与牛舍设计。牛场总体布局就是各类牛舍、饲料区（饲料的收购、加工、贮存、供应）、粪尿处理区和其他附属建筑物以及设施的位置与相互之间连接，要便于日后肉牛生产最有效、最经济的运转，并力求做到减少牛只行走距离，缩短工人操作和饲料等运输距离，避免粪道与净道的重叠和交叉，以利卫生防疫。在牛舍的设计上，散栏饲养牛舍是供肉牛采食、饮水、休息和活动的场所。牛舍设计既要为肉牛提供一个卫生舒适的环境，也要考虑工人操作的方便，并要求尽量降低造价。

（2）经营管理。散栏饲养肉牛场的经营管理不同于传统式的饲养，其管理人员、技术人员和工人都必须有现代化意识和对新饲养模式的确信。必须建立一支一专多能，既懂养牛又会掌握机械操作的干部和工人队伍。尔后通过严密的劳动组合和劳动管理，调动全体人员的积极性，才能达到预期的经营目标。

（3）饲养管理。散栏饲养改传统的个体精细区别对待，为群体区别饲养。每个饲养员通常管理多达100多头牛，牛只的分群和调群工作是重要环节。每群的大小应与牛舍结构相适应。牛通道和牛床的材料应选用软性和干燥的材料；牛舍内粪尿处理间隔时间应视情况每日1~2次；蹄部定期药浴，蹄形定期整修，蹄病及时治疗，采取以上措施可以得到控制。国外见到不少肉牛场用木屑铺垫或橡皮软垫或漏缝地板，以防蹄病。在散栏饲养条件下，牛只昼夜自由活动，没有固定的床位，对发情检查带来一定的困难，除加强配种人员责任心，增加发情观察次数外，还必须引进新技术新办法。国外已采用电脑监控跟踪摄像或用试情牛、同步发情技术等。

（4）配套机械和机械管理。散栏饲养是高效率的现代化生产方式，肉牛场必须配备一系列机械设备，必须成龙配套，才能发挥机械化生产的最高效率。这是散栏饲养成功的重要保证。国内有些肉牛场实行散栏饲养效果欠佳，其中因机械设备不配套或性能不过关，或不能长久坚持使用不无关系。一些肉牛场使用进口机械设备，但也应及早研究零配件的国产化，以免当零配件损耗后无法配套。散放饲养肉牛场应配备机械管理和维修人员。将机械维修人员安排在各作业组兼职，比单独设立机械修理部门会有更好的效果，一则避免操作工对机械修理工的完全依赖性，二则有利于设备的日常及时保养和维修。

第二章　肉牛品种及生产性能

第一节　肉牛的品种

1. 我国引入的肉牛品种有哪些?

（1）西门塔尔牛。是世界上著名的乳肉兼用大型品种，原产于瑞士西部的阿尔卑斯山区。西门塔尔牛体形大，骨骼粗壮结实，嘴宽，角较细而向上弯曲，颈长中等，体躯长，肋骨开张，前、后躯发育良好，尻宽平，四肢结实，大腿肌肉发达，乳房发育良好。毛色为黄白花或淡红白色，头、胸、腹下、四肢及尾帚多为白色，皮肤为粉红色。成年公牛1 000~1 300kg，母牛600~750kg。

西门塔尔牛乳肉性能均较好，平均泌乳量为4 000~5 000kg，乳脂率4%左右。该牛生长速度快，平均日增重可达1.0kg，胴体肉多，脂肪少而分布均匀，公牛育肥后屠宰率可达65%。繁殖率高，适应性强，耐粗放管理，适于放牧。

（2）安格斯牛。属早熟中小型肉牛品种，原产于英国。无角，全身被毛黑色，在美国从黑安格斯牛中分离选育成红安格斯新品种，具有同样的特性。该牛体格低矮、体质紧凑、结实，头小而方，额宽、额顶凸起，颈中等长且较厚，背线平直，腰荐丰满，体躯宽深、呈圆筒形。四肢短而端正，全身肌肉丰满。公牛成年体重700~900kg，母牛成年体重500~600kg，初生重25~32kg。

安格斯牛早熟，胴体品质高，出肉多，屠宰率一般为60%~65%。哺乳期日增重900~1 000g，育肥期日增重平均700~900g，肌肉大理石纹很好。母牛稍有神经质。

在许多国家，安格斯牛主要用作母系，其特点是非常耐粗饲、极少难产，肉质细嫩，肌肉大理石纹极好，饲料报酬高。在我国，它可以作为经济杂交的父本，成为山区黄牛的主要改良者。

（3）海福特牛。原产于英国英格兰岛西部的威尔士地区的海福特县以及毗邻的牛津县，是世界最古老的早熟中小型品种。分有角和无角两种，有角者其角向两侧伸出，向下弯曲，呈蜡黄色或白色。该牛头短额宽，颈粗短，垂皮发达，肋开张，躯干呈圆筒状，背腰宽而平直，被毛为红棕色，具有六白的特征，即头、颈垂、鬐甲、腹下、四肢下部和尾帚为白色，皮肤为橙红色。

海福特牛成年公牛850~1 100kg，母牛600~700kg。12月龄体重达400kg，平均日增重1kg以上。400d活重达480kg，一般屠宰率为60%~65%。肉质优良，呈大理石状。海福特牛性成熟早，母牛15~18月龄可以初次配种。

（4）抗旱王牛。育成于澳大利亚昆士兰州的北部。抗旱王牛有无角和有角两种，体形大，体躯较长，耳中等大小，垂皮长，尻平整，略有瘤峰，被毛光亮，毛为红色，肌肉丰满。母牛保姆性强，繁殖力高。新品种具有抗膨胀病等特点，生长速度快。成年公牛体重950~1 150kg，母牛为600~700kg。生长快，出肉率高，肉质好，耐热，耐粗饲，繁殖力强，适应热带、亚热带地区饲养。

（5）黑毛和牛。历史上黑毛和牛主要分布于日本中部地区，黑毛和牛毛色为黑色。杂交改良阶段先后导入瑞士褐牛、短角牛、德温牛（Devon英国）、西门塔尔牛、爱尔夏牛及荷斯坦牛的血统，血缘相当复杂。20世纪50年代以前偏重役乳兼用，20世纪50年代中后期转向肉用，通过有计划的近交固定和后代选育，在1970年全日本国第二届和牛育种共进会上，宣告日本独特的“黑毛和牛”肉牛正式诞生，已有近4 000头牛达到育种要求。尖部带有褐色，皮肤暗灰色，角端黑色，角根水青色，在日本4个肉牛品种中，该牛体形偏小，但体躯紧凑，四肢强腱，前中躯充实，后躯及后腿部稍欠发达，成年母牛体高125~131cm，体重510~610kg；成年公牛体高139~146cm，体重890~990kg。

该牛最大特点是肉质好，在各地市场最受欢迎，犊牛初生重31~32kg，初配年龄15~16月龄。妊娠期284d，后备种公牛断乳16周后日增重可达1.25kg，饲料报酬为4.7：1，育肥阶段日增重可达0.86~1.04kg，屠宰率为64%，脂肪杂交评分为（大理石状）2.7分。

（6）夏洛莱牛。原产于法国夏洛莱省。被毛为白色或乳白色，皮肤常有色斑；全身肌肉特别发达；骨骼结实，四肢强壮。头小而宽，颈粗短，胸宽深，背宽肉厚，体躯呈圆筒状，肌肉丰满，后臀肌肉发达，并向后和侧面突出，形成“双肌”特征。成年体重：公牛平均为1 100~1 200kg，母牛700~800kg。

（7）利木赞牛。因在法国中部利木赞地区育成而得名。原是大型役用牛，后来培育成专门肉用品种，1924年宣布育成。成年公牛平均体高140cm，体重900~1 100kg，母牛体高130cm，体重600~900kg，日增重860~1 000g，屠宰率65%左右。该品种牛产肉性能高，胴体质量好，眼肌面积大，前后肢肌肉丰满，出肉率高，难产率低。

2. 我国优良的地方黄牛品种有哪些？

（1）鲁西黄牛。主产于山东西南部的菏泽、济宁两地。在体形外貌上，鲁西黄牛体躯结构匀称，细致紧凑，为役肉兼用型。被毛从浅黄到棕红色，以黄色为最多，一般前躯毛色较后躯深，公牛毛色较母牛的深。多数牛的眼圈、口轮、腹下和四肢内侧毛色浅淡，俗称“三粉特征”。成年公牛体重达644kg，母牛385kg，阉牛达500kg。

（2）秦川牛。主产陕西关中平原。体形高大，肌肉丰满，骨骼粗壮结实，前躯发育良好，蹄质坚硬、胸部宽深，具有肉役兼用牛的典型特征。肉质细嫩，瘦肉率高，大理石花纹明显。一般水平下日增重公牛0.7kg，母牛0.55kg，阉牛0.59kg。成年公牛体重594kg，母牛体重381kg。

（3）南阳黄牛。是全国五大良种黄牛之一，主产南阳及周边地区。体躯高大，力强持久，肉质细，香味浓，大理石花纹明显，皮质优良。南阳黄牛毛色分黄、红、草白三种，黄色为主，而且役肉性能及适应性能俱佳。役用性强，有快牛之称。育肥牛日增重达0.8kg；成年公牛达600kg以上，母牛400kg以上。

（4）晋南牛。产于山西省西南部汾河下游的晋南盆地。晋南牛属大型役肉兼用品种，体躯高大结实，具有役用牛体形外貌特征。公牛头中等长，额宽，顺风角，颈较粗而短，垂皮比较发达，前胸宽阔，肩峰不明显，臀端较窄；蹄大而圆，质地致密；母牛头部清秀，乳房发育较差，乳头较细小。毛色以枣红为主，鼻镜粉红色，蹄趾亦多呈粉红色。具有良好的役用性能，挽力大，速度快，持久力强。成年体高：公138.6cm，母117.4cm；成年体重：公607.4kg，母339.4kg。

（5）延边牛。是东北地区优良地方牛种之一。延边牛属寒温带山区的役肉兼用品种。体质结实，适应性强。胸部深宽，骨胳坚实，被毛长而密，皮厚而有弹力。公牛头方额宽，角基粗大，多向外后方伸展成一字形或倒八字角，颈厚而隆起，肌肉发达。母牛头大小适中，角细而长，多为龙门角，乳房发育较好。毛色多呈浓淡不同的黄色，黄色占74.8%，浓黄色16.3%，淡黄色6.79%，其他毛色2.2%；鼻镜一般呈淡褐色，带有黑斑点。成年公牛体高（130.6±4.4）cm，成年公牛体重600kg，成年母牛体重400kg。

3. 我国培育的肉牛品种有哪些？

（1）夏南牛。是以法国夏洛莱牛为父本，以南阳牛为母本，采用杂交创新、横交固定和自群繁育三个阶段，开放式育种方法培育而成的肉用牛新品种。夏南牛含夏洛莱牛血37.5%，含南阳牛血62.5%。育成于河南省泌阳县。毛色为黄色，以浅黄、米黄居多；公牛头方正，额平直，母牛头部清秀，额平稍长；公牛角呈锥状，水平向两侧延伸，母牛角细圆，致密光滑，稍向前倾；耳中等大小；颈粗壮、平直，肩峰不明显。成年牛结构匀称，体躯呈长方形；胸深肋圆，背腰平直，尻部宽长，肉用特征明显；四肢粗壮，蹄质坚实；母牛乳房发育良好。适应性强，耐粗饲，采食速度快，易育肥；抗逆力强，耐寒冷，耐热性稍差。生长发育快。在农户饲养条件下，公母犊牛6月龄平均体重分别为（197.35±14.23）kg和（196.50±12.68）kg，平均日增重为0.88kg。肉用性能好，17~19月龄的未肥育公牛屠宰率60.13%，净肉率48.84%，肌肉剪切力2.61kg，优质肉切块率38.37%。成年公牛体高142.5cm，体重850kg。成年母牛体高135.5cm，体重600kg。

（2）蜀宣花牛。育成于四川省宣汉县，角向前上方伸展，体躯深宽，颈肩结合良好，背腰平直，后躯宽广；四肢端正，蹄质坚实。乳房发育良好、结构均匀紧凑；成年公牛略有肩峰。黄白花和红白花，头部白色或有花斑，尾梢、四肢和腹部为白色。角蹄蜡黄色为主，鼻镜肉色或有黑色斑点。平均初生重：公犊31.6kg，母犊29.6kg。成年公牛体重782.2kg，母牛522.1kg，属中型品种。18月龄出栏重：509.1kg，平均日增重：1.14kg，屠宰率：58.1%，净肉率：48.2%。平均泌乳期297d，平均胎次产奶量4 495.4kg。

（3）云岭牛。主要分布在云南的昆明、楚雄、大理、德宏、普洱、保山、曲靖等地。云岭牛体形中等，被毛以黄、黑为主；各部结合良好，细致紧凑。头稍小，多数无角，耳稍大，横向舒张；眼明有神；颈中等。母牛肩峰稍有隆起，胸垂较云南黄牛发达，乳房匀称、乳静脉明显，乳头大小适中，被毛细致光亮。四肢较长，蹄质坚实，尾细长。母牛：初情期为8~10月龄，适配年龄为12月龄或体重在280kg以上；初生重（28.17±2.98）kg，成年母牛体重（517.40±60.81）kg。公牛犊牛初生重（30.24±2.78）kg，18月龄或体重在300kg以上可配种或采精，成年体重（813.08±112.3）kg。云岭牛耐热抗蜱能力与婆罗门牛相当，显著高于红安格斯牛、西门塔尔牛和短角牛。

第二节　牛的生长特点

1. 牛体重增长的规律是什么？

（1）体重增长的一般规律。体重是表示肉牛生长发育状态的最常用指标。出生前体重的增长，胎儿在前4个月生长速度缓慢，以后加快，分娩前的速度最快。胎儿阶段各部分的生长具有明显的不均衡性，用以维持生命需要的重要器官（如头、内脏、四肢骨等）发育较快，而肌肉、脂肪增长较慢。由于初生犊牛的肌肉、脂肪和体躯等生产目的所必需的部分发育较差，所以，初生牛犊作肉用是不经济的。

出生后体重的增长，在保证充足营养的条件下，体重在性成熟时呈加速增长趋势，到发育成熟时增重则逐渐减慢，即 12 月龄前的生长速度最快，以后逐渐变慢。在肉牛性发育成熟、生长速度变慢时，适时屠宰较为经济。一般肉牛在体成熟 1.5~3 岁时屠宰，就是这个道理。

（2）体重的补偿增长规律。幼牛在生长发育的某阶段，因营养不足而使生长速度下降，但在后期某个阶段恢复高营养水平时，则生长速度比正常饲养的牛要快，经过一段时间后，仍能恢复正常体重，肉牛生长中的这种特性叫补偿增长（补偿生长）。这说明肉牛的特点是生长速度反应在一定时期内最终体重上，而不是在它的年龄上。

在补偿生长阶段，补偿生长牛的生长速度、采食量、饲料利用率均高于正常生长的牛，架子牛育肥常常获得较好的经济效益，就是因为这一原因。在补偿生长牛与正常生长牛达到相同体重的情况下，因前者饲养周期长，虽然在补偿阶段的饲料利用率较高，但整个饲养期的饲料转化率仍低于正常生长的牛。此外，虽然补偿生长在饲养期结束时能达到体重要求，但最后体组织受到一定的影响，屠宰时补偿牛的骨成分较高，脂肪成分较低。

补偿生长是有条件的，并不是在任何情况下都能获得补偿生长。在生命早期增长速度受到严重影响时，往往会形成“小僵牛”。此外，低水平饲养时间越长，则补偿生长越难，效果也越差。因此，在饲养管理过程中运用补偿生长原理时，应注意以下几种情况：①生长受阻时间不能超过 3~6 个月；②如生长受阻阶段在胚胎，补偿生长效果不好；③生长受阻阶段在初生至 3 个月龄时，补偿生长效果不好。

（3）体重增长的不平衡性。表现在 12 月龄以前的生长速度很快。在此期间，从出生到 6 月龄的生长强度远大于从 6 月龄到 12 月龄。从初生到 6 月龄为 1.15~1.18kg，而从 6 月龄到 12 月龄则下降到 0.9kg。12 月龄之后，牛的生长明显减慢，接近成熟时生长速度则更慢。由于动物每天摄入的养分首先被用于维持生命活动和基础代谢需要，剩余的部分才被用来增重，故增重快的牛被用于维持需要的饲料养分所占的比例相对减少，饲料报酬高。据测定，日增重 1.1kg 的犊牛维持需要饲料仅占 38%，比日增重 0.8kg 的犊牛维持需要饲料（47%）减少 9 个百分点。因此，在生长上应掌握牛的生长发育特点，利用其生长发育快速阶段给予充分的营养，使牛能够快速增长，提高饲养效率。

2. 牛体组织生长发育规律是什么？

（1）体组织生长的一般规律。

骨骼　在胎儿期间骨骼发育较快。初生犊牛的骨骼已能负担整个体重，四肢骨的相对长度比成年牛高，以保证出生后能跟随母牛吃乳。出生后骨骼的生长一直比较稳定。

肌肉　在胎儿期间肌肉的增长速度低于骨的增长速度，但出生后肌肉生长较快，生长速度高于骨的生长速度。肌肉生长主要由于肌肉纤维体积的增大，使肌纤维束相应增大。随着年龄增长，肉质的纹理变粗，因此，青年牛的肉质比老年牛嫩。肌肉的生长与功能密切关系。如股骨伸张肌为分布于膝盖骨的主要肌肉，其功能主要是保证犊牛的哺乳活动和运动，在出生前的生长速度相对较快，而以后的生长速度变慢。

脂肪　从初生到 1 岁期间脂肪增长速度较慢，仅稍快于骨骼的生长，以后逐渐加快。肥育初期体腔脂肪增加较快，以后皮下脂肪积蓄加快，最后才加速肌纤维间的脂肪体积，使肉质变嫩。

各种体组织占胴体比例的变化　肌肉占胴体的比重先增加，然后下降；脂肪占胴体的比重持续增加；骨骼占胴体的比重持续下降。各种体组织的比重因品种和饲养水平不同而有所不同。饲养水平高，牛的生产性能好，则肌肉和脂肪占的比重大。

体组织生长与屠宰率的关系　肌肉和脂肪组织的生长性能决定屠宰率。同一个品种在相同饲养条件下，体重越大，肌肉和脂肪的比重越大，屠宰率越高。100~400kg 期间屠宰率增加明显；400~500kg 期间屠宰率增加不明显。

体组织生长与品种和性别的关系　早熟品种体重较轻时就能达到成熟年龄的体组织比率；晚熟品种达到成熟年龄体组织的比率较晚，因此育肥期较长；公牛骨、肌肉较多，脂肪的生长延迟。

公牛、阉牛、母牛在生长前期，肌肉、脂肪和骨的生长趋势相似，但生长后期，母牛脂肪生长速度明显加快，阉牛次之，公牛明显较慢。

（2）不同部位体组织的沉积规律。

脂肪　脂肪沉积强度的顺序是肾脂肪、骨盆腔脂肪和肌肉间脂肪，最后为皮下脂肪。肉牛各部位脂肪占胴体的比例，在幼龄时期肾脂肪、骨盆腔脂肪和肌肉间脂肪占有较高的比例，皮下脂肪的比例很低，但随着体重的增加，皮下脂肪的比例明显增大，肌肉间脂肪比例明显下降。

肌肉　最初四肢肌肉特别是后肢肌肉较发达。以后，随着年龄的增长，四肢肌肉占全身肌肉的比例有所下降，而颈部、背腹部、肩部肌肉的比例增加。公牛颈部、肩胛部肌肉所占整个肌肉的比例均高于母牛。

饲养水平对组织的影响　高水平饲养时，脂肪所占比例很高，肌肉比例下降；低水平饲养时，肌肉比例较高。骨骼所占的比例以低水平饲养时为最高。瘦肉与骨之比是表示瘦肉增长的重要指标，一般在3~4.5。高水平时比值较高，即瘦肉率较高；而低水平时，比值较低。当饲养水平很低、体重减轻时，一般情况下，先是脂肪减少，而后是肌肉；当体重恢复时，肌肉恢复最快。

3. 牛不同生长阶段的生长特点是什么？

牛体重增长和日增重的规律：牛体重增长速度是随日龄增加而上升的，而日增重则是随日龄的增加而下降。饲料消耗是日龄越大耗料越多，日增重则越低，相反日龄小，饲料消耗的越多体重增加越快，日增重也越快。经观察，牛从180d开始育肥，生长至500d体重达到500~540kg时，体重增长开始缓慢，当生长至600d体重达到600~650kg时，其体重增长则停滞或缓慢下降；牛180d开始肥育，其日增重为1.1kg，生长至350d时日增重下降至1.0kg，肥育至500d时日增重则为0.85kg。

第三节　影响牛产肉性能的因素

1. 影响牛肥育效果的主要因素有哪些?

（1）饲料质量与给饲量。饲料质量是影响肉牛增重的主要因素，然而给饲量的科学性也严重影响肉牛的增重。科学把握肉牛不同时期的饲喂量，实现理想的增重与饲喂量的关系，达到最理想的日增重和耗料比。

（2）肉牛品种。品种是决定畜禽生产性能先决性的重要条件。但是，品种间的性能差异又表现出了不同的生产性能和经济用途，就牛而言，黑毛牛要好于其他牛品种。

（3）环境条件。牛舍的标准高低是用来对应气候条件的，是使牛能够充分发挥生产性能的基本条件。冬天舍内气温低于10℃，夏季气温高于35℃时就会影响牛正常生长，要想养好牛，就必须建设与之相适应的牛舍。

2. 影响牛产肉性能的因素有哪些?

除了上述影响牛育肥效果的因素影响产肉性能外，牛的性别、育肥的年龄、育肥方式等也影响着牛的产肉性能。

（1）性别。一般来说在同样的饲养环境情况下，阉牛产肉性能好于公牛，公牛的产肉性能高于母牛，通常饲养育肥牛均需要阉割。

（2）育肥的年龄。要得到较好的肉品质及产肉效果，牛的育肥时间要高于一般肉牛品种，平均屠宰年龄在30个月龄，屠宰率一般高于60%，在这个时间范围内，育肥时间越长屠宰率越高。

（3）育肥方式。有从断奶后就给牛较高的营养水平，使其快速生长，这样育肥出的牛肌肉较丰满，肉品质较好。也有前期给牛的营养相对较差，使其主要生长骨架，在后期育肥阶段给予高营养水平，利用补偿生长，牛迅速生长，肉质比前一种稍差。

第四节　牛产肉性能指标、测定方法

1. 生长-育肥期要测定哪些指标?

（1）初生重。指犊牛生后吃初乳前的活重。

（2）断奶重。一般用校正断奶重，国外用205d，国内可考虑用210d或205d的校正断奶重，其公式如下：

210d校正断奶重（kg）=（断奶体重-初生重）/断奶时日龄×210+初生重

（3）哺乳期日增重。指断奶前犊牛平均每天增重量，公式为：

哺乳期日增重（kg/d）=（断奶体重-初生重）/断奶时日龄

（4）育肥期日增重。育肥期日增重（kg/d）=（育肥期末体重-育肥期初体重）/育肥期天数

2. 如何评定胴体外形?

通过目测和触摸牛体体躯的大小、宽窄，胸部的深度，肋骨长度与弯曲度及尻部斜度等，评为五等。

特等：全身肌肉丰满，外形匀称。胸深厚，背脂厚度适宜，胛圆和肩合成一体，背、腰、臀部肌肉肥厚，大腿丰满，并向外凸出和向下延伸。

一等：全身肌肉较发达，肋骨开张，肩肋接合较好略显凹陷，臀部肌肉较宽平而圆度不够，腿肉充实，但外凸不明显。

二等：全身肌肉发育一般，肥度不够，胸深欠深，肋骨不甚明显，臀部肌肉较多，尾部短，后腿之间宽度不够。

三等：肌肉发育较差，肋骨脊骨明显，背窄、胸浅、臀部肌肉较少，大腿消瘦。

四等：各部关节外露明显，骨骼长而细，体躯浅，臀部塌陷。

3. 如何评定肥度?

按胴体脂肪的覆盖度分级。

5 级：胴体肩背被脂肪覆盖，臀腿部完全被脂肪覆盖，胸腔内脂肪沉积很好。

4 级：胴体肩背覆盖脂肪良好，臀腿部脂肪明显，胸腔中有一定脂肪。

3 级：胴体肩背部大部分有脂肪覆盖，胸腔内脂肪很少。

2 级：胴体脂肪覆盖薄而少，红肉可见，胸腔内肌肉中无脂肪。

1 级：胴体表面几乎全无脂肪。

4. 屠宰测定指标有哪些？

（1）宰前重。指宰前绝食 24h 后的活重。

（2）宰后重。指屠宰放血以后的体重。

（3）血重。指宰时放出的血液重量，或宰前重减去宰后的重量差。

（4）胴体重。指放血后除去头、尾、皮、蹄（肢下部分）和内脏所余体躯部分的重量，并注明肾脏及其周围脂肪重。在国内，胴体重包括肾脏及肾周脂肪重。

（5）净体重。指除去胃肠及膀胱的内容物后的总体重量。

（6）胴体骨重。指将胴体重所有的骨骼剥离后的骨重。

（7）胴体脂重。指胴体内、外侧表面及肌肉块间可剥离的脂肪总重量。

（8）胴体肉重（也称净肉重）。指胴体除去剥离的骨、脂后，所余部分的重量。

（9）背膘厚度（背脂厚）。指第五至第六胸椎间离背中线 3～5cm，相对于眼肌最厚处的皮下脂肪厚度。

（10）腰膘厚度（腰脂厚）。指第十二至十三肋间眼肌的横切面积（cm^2）。有鲜眼肌面积，即新鲜胴体在宰后立即测定的；亦有将样品取下冷冻 24h 后，测定第十二肋后面的眼肌面积。眼肌面积测定的方法有用硫酸纸照眼肌轮廓划点后用求积仪计算的，也有用透明方格纸照眼肌平面直截计数求出的。测定时特别要注意，横切面要与背线（设定）保持垂直，否则要加以矫正。

5. 产肉能力的主要计算指标有哪些?

（1）屠宰率。指胴体重占宰前活重的百分率，其计算公式为：

屠宰率（%）= 胴体重/宰前重×100

也有按净体重计算的屠宰率，即将上式中“宰前重”换为“净体重”，然后求屠宰率。据报道，这种方法较为准确，但均要说明计算方法。还有将脂肪重（即体腔脂肪重）加入胴体重，而求屠宰率的。

（2）净肉重。指胴体净肉重占宰前活重的百分率，其计算公式为：

净肉率（%）= 净肉重（kg）/宰前重（kg）×100

净肉重即胴体肉重。亦有按净体重计算的，即将上式中“宰前重”换成“净体重”求净肉率；还有在净肉重中加上脂肪重量，然后求净肉率。不论哪一种计算方法，都要注明，以免混淆，造成误解。

（3）胴体产肉率。指净肉重占胴体重的百分率，按下式计算：

胴体产肉率（%）= 胴体净肉重（kg）/胴体重（kg）×100

（4）肉骨比。指胴体中肉重与骨重的比值，其计算公式为：

肉骨比=胴体中肉重（kg）/胴体骨重（kg）

（5）每百千克胴体重所对应的眼肌面积（cm^2），其计算公式为：

每百千克胴体重所对应的眼肌面积（cm^2）（%）=
眼肌面积（cm^2）/胴体重（kg）×100

（6）肉用指数。即平均成年活重（kg）与体高（cm）的比值。该指标的特点是：①可活体测量；②既可比较群体，也可比较个体；③既可作为役用型牛转化为肉用型牛的数值指标，又可作为专门化肉用牛的选种指标，如近年国外安格斯牛、海福特牛、婆罗门牛等都以此作为基础指标估计育种值。

第五节　牛肉的屠宰、分割

1. 屠宰工艺流程是什么?

待宰牛检验⟶击晕⟶放血⟶去头、蹄、尾⟶剥皮⟶去内脏──→胴体劈半──→修整──→排酸。

2. 屠宰分割主要步骤有哪些?

（1）宰前检验。包括验收检验、待宰检验和送宰检验，应采用看、听、摸、检等方法。

① 验收检验。卸车前应索取产地动物防疫监督机构开具的检疫合格证明，证明文件上必须明确“无疫病、未使用违禁药物”等方面的内容，若证明文件不全或证明内容不确切退还畜主。证明文件齐全确切的临车观察，未见异常，证货相符时准予卸车。卸车后应观察牛的健康状况，按检查结果进行分圈管理。合格的牛送待宰圈，可疑病畜送隔离圈观察，通过饮水、休息后，恢复正常的，并入待宰圈；病畜和伤残的牛只送急宰间处理。

② 待宰检验。待宰期间检验人员应定时观察，发现病畜送急宰间处理。待宰的牛只宰前应停食静养12~24h、宰前3h停止饮水。

③ 送宰检验。牛送宰前，应进行一次群检。牛送宰前进行全体体温检测（牛的正常体温是37~39℃）。经检验合格的牛由宰前检验人员签发《准宰通知单》，注明畜种、送宰头数和产地，屠宰车间凭证屠宰。

（2）赶挂。赶牛人员及时把牛驱赶进屠宰车间，在驱赶过程中，严禁用棍棒驱赶、乱打，以免出现淤血或损伤，避免使牲畜受到强烈的刺激，影响放血，造成产品的质量下降。

（3）击晕。在眼睛与对侧牛角两条连线的交叉点处将牛电麻或击晕。

（4）吊挂宰杀。在颈下缘咽喉部切开放血（即俗称“大抹脖”）。

（5）去头。在枕骨和第一颈椎间垂直切过颈部肉将头去除。

（6）割前蹄。由前臂骨和腕骨间的腕关节处割断。

（7）割后蹄。由胫骨和跗骨间的跗关节处割断。

（8）去尾。在荐椎和尾椎连接处去掉尾。

（9）剥皮。采用吊挂剥皮，先手工预剥，然后机器剥皮。

（10）内脏剥离。沿腹侧正中线切开，纵向锯断胸骨和盆腔骨，切除肛门和外阴部，分出连结体壁的横膈膜，去除消化、呼吸、排泄、生殖及循环等内脏器官，去除肾脏、肾脏脂肪和盆腔脂肪。

(11) 胴体劈半。沿脊椎骨中央分割为左右各半片胴体（称为二分体）。无电锯时，可沿椎体左侧椎骨端由前向后劈开，分软、硬两半（左侧为软半，右侧为硬半）。

(12) 排酸。将半胴体放入冷却间，在0~4℃温度下排酸7~14d。

3. 分割要求有哪些?

分割加工间的温度不能高于9~11℃；分割牛肉中心冷却终温须在24h内下降至7℃以下。分割牛肉中心冻结终温须在24h内至少下降至-18℃。

排酸后的半胴体⟶四分体⟶剔骨⟶7个部位肉（臀腿肉、腹部肉、腰部肉、胸部肉、肋部肉、肩颈肉、前腿肉）⟶13块分割肉块。

4. 牛肉怎样熟化?

牛肉熟化指的是牛只屠宰后，在一定温度及风速下，放置一段时间达到改善牛肉嫩度及风味的一种牛肉初步加工方式。

其原理是宰后由于氧气供应中断，一定时间里，肌糖原进行无氧糖酵解产生乳酸，三磷酸腺苷分解后生成磷酸，而乳酸、磷酸均导致牛肉的pH值下降，导致肌浆钙离子浓度变化，肌肉组织蛋白酶及其他酶活性改变，肌原纤维的结构遭到破坏，原本完整的肌原纤维断裂成含不同数目肌节的小片，肌纤维小片化值增加，嫩度提高，风味改善。

牛肉一般可在0~4℃，风速3m/s下，放置2~7d甚至更长时间，使牛肉的肉品质得到改善。

第六节　牛胴体分级

1. 有哪些术语?

(1) 优质牛肉。肥育牛按规范工艺屠宰、加工，按GB 18393检验合格，品质达到良好级以上（包括良好级）的牛肉称为优质牛肉。

（2）普通牛肉。指牛肉品质为良好级以下的牛肉。

（3）胴体。牛宰杀放血后，除去皮、头、蹄、尾、内脏及生殖器（母牛去除乳房）的躯体部分称为胴体。

（4）二分体。将屠宰加工后的整只牛胴体沿脊柱中线纵向锯成的两片称为二分体。

（5）四分体。在第5肋至第7肋，或第11肋至第13肋骨间将二分体横截后得到的前、后两个部分称为四分体。

（6）生理成熟度。根据门齿变化和胴体脊椎骨棘突末端软骨的骨化程度评定牛年龄的指标。

（7）大理石纹。反映背牛肉中肌内脂肪的含量和分布的指标，根据横切面中脂肪的数量和分布来评价。

2. 技术要求有哪些？

（1）牛肉质量等级。牛肉质量等级主要由大理石纹等级和生理成熟度两个指标来评定，分为特级（S级）、优级（A级）、良好级（B级）和普通级（F级）（附录E）。

（2）牛肉质量等级评定。牛肉质量等级按附录E评定，同时结合肉色和脂肪色对等级进行适当的调整。

① 年龄不超过36月龄时。大理石花纹5级及以上，或年龄介于12~24月龄，大理石花纹4级及以上，肉色介于4~6级，脂肪色不超过3级，评为特级（S级）；当肉色为7级、脂肪为4级或5级时，评为优级（A级）；当肉色为8级、脂肪为5级或6级时，评为良好级（B级）；当肉色为8级、脂肪为7级时，则评为普通级（F级）。

② 年龄不超过24月龄。大理石花纹不超过3级，或年龄介于24~36月龄；大理石花纹3~4级，或年龄介于36~48月龄；大理石花纹4级及以上，或年龄介于48~72月龄；大理石花纹5级及以上，肉色介于4~6级，脂肪色不超过3级，评为优级（A级）。当肉色为7级、脂肪为4级或5级时，评为良好级（B级）；当肉色为8级、脂肪为5级及以上时，则评为普通级（F级）。

③ 年龄介于24~36月龄。大理石花纹不超过2级，或年龄介于36~48月龄；大理石花纹2~3级，或年龄介于48~72月龄；大理石

花纹3~4级，或年龄超过72月龄；大理石花纹4级及以上，肉色介于4~6级，脂肪色不超过3级，评为良好级（B级）。当肉色为7级以上、脂肪为4级以上，评为普通级（F级）。

④ 年龄超过36月龄。大理石花纹为1级，或年龄超过48月龄，大理石花纹不超过2级，或年龄超过72月龄，大理石花纹不超过3级均评为普通级（F级）。

3. 评定方法是什么？

胴体冷却后，在660lx光照条件下进行评定，以下是具体说明。

（1）大理石纹。选取第11肋至第13肋间，或第5肋至第7肋间背最长肌横切面进行评定，对照大理石花纹等级图片（大理石花纹等级图给出的是每级中纹理的最低标准）评定背最长肌横切面处大理石花纹等级。大理石花纹等级共分为5级（丰富）、4级（较丰富）、3级（中等）、2级（少量）和1级（几乎没有）5个等级（附录A）。

（2）生理成熟度。以脊椎骨棘突末端软骨的骨质化程度（附录B）和门齿变化（附录C）为依据来判断生理成熟度。生理成熟度分为A、B、C、D、E 5级（附录D）。

（3）肉色。对照肉色等级图片判断背最长肌横切面处颜色的等级。肉色按颜色深浅分为8个等级，其中4、5两级的肉色最好。

（4）脂肪色。对照脂肪色等级图片判断背最长肌横切面处肌内脂肪和皮下脂肪的颜色等级。脂肪色等级分为8个等级，其中1、2两级的脂肪色最好。

附录-牛肉分级标准

附录A 牛肉大理石花纹评级图谱

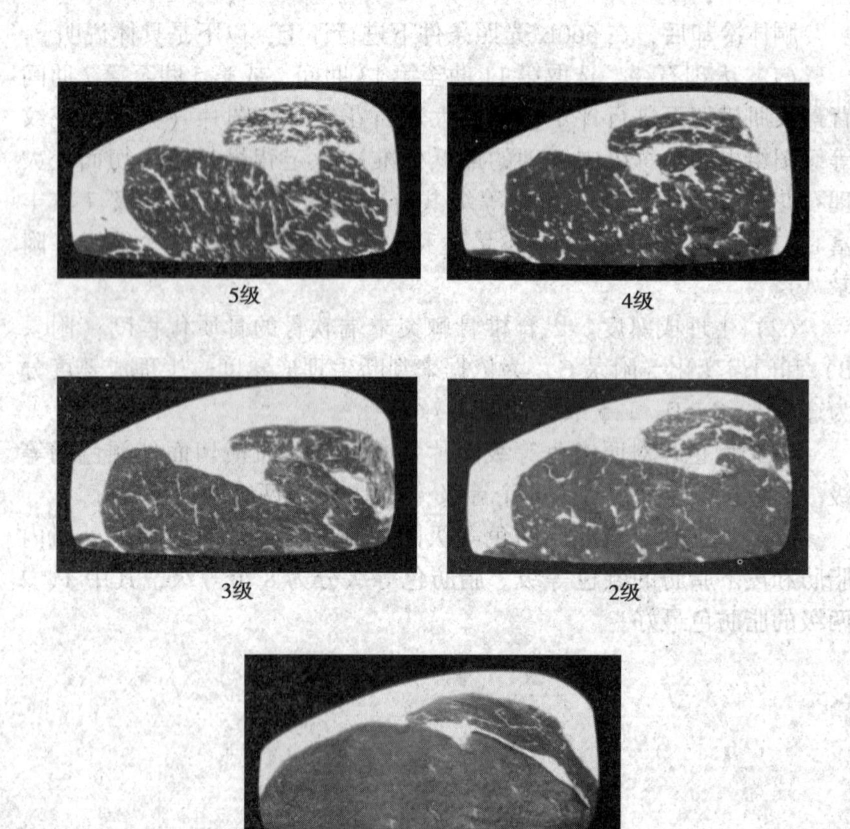

5级　4级

3级　2级

1级

附录 B　脊椎骨骨质化程度示意

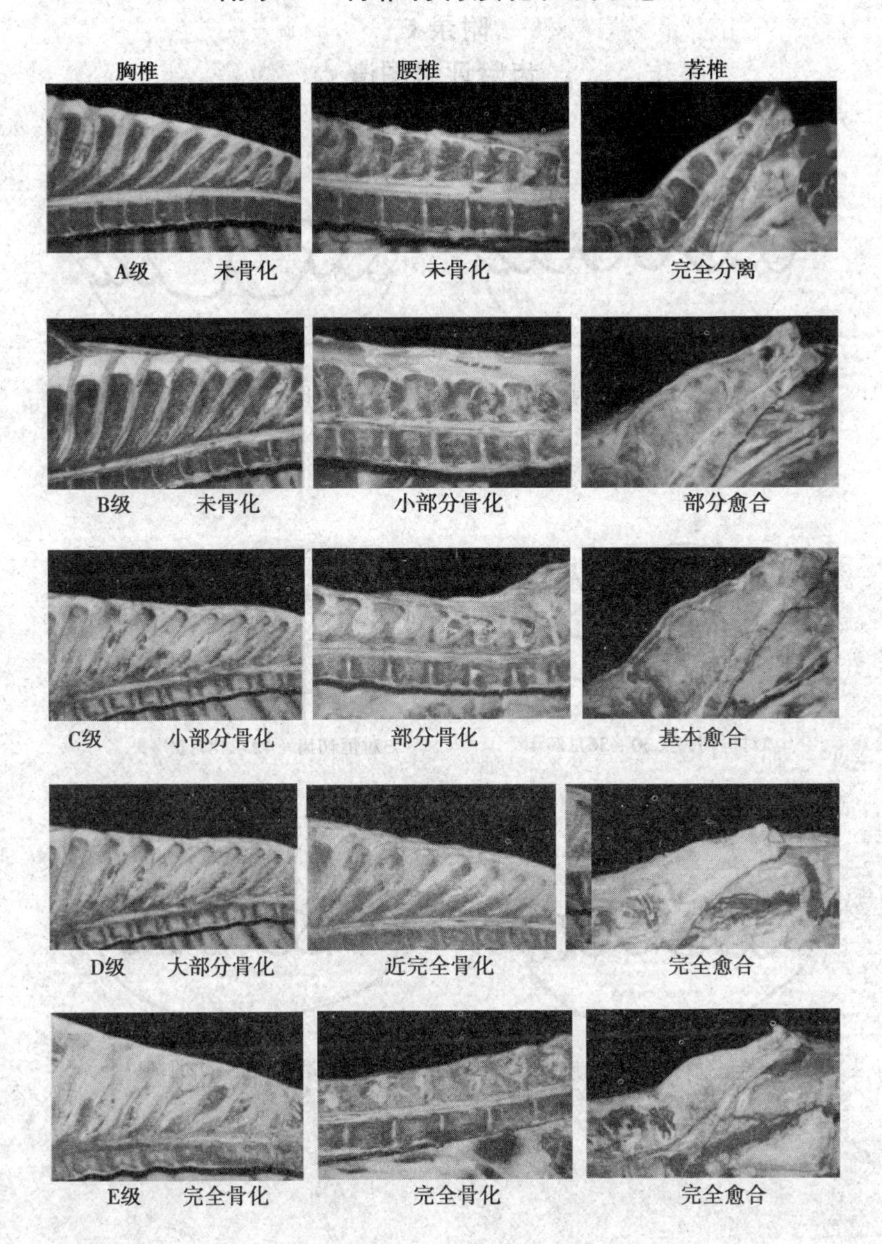

附录 C
齿龄评级图谱

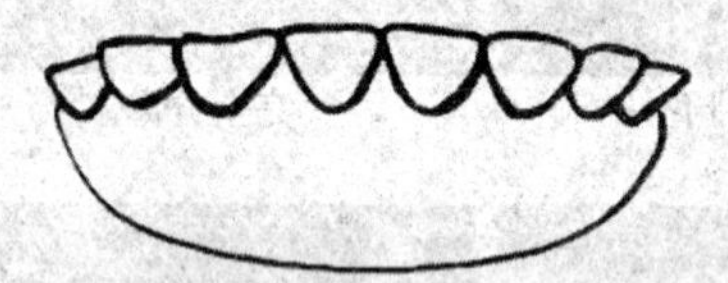

乳齿（18月龄以内）

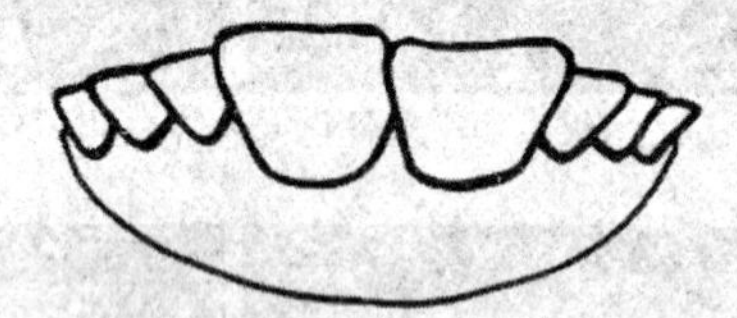

1对恒切齿（18 ~ 24月龄）

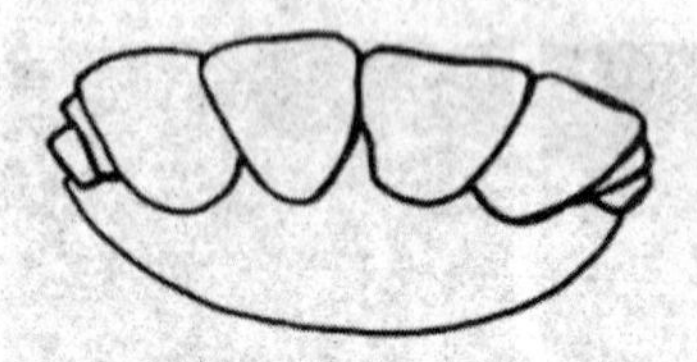

2对恒切齿（30 ~ 36月龄）

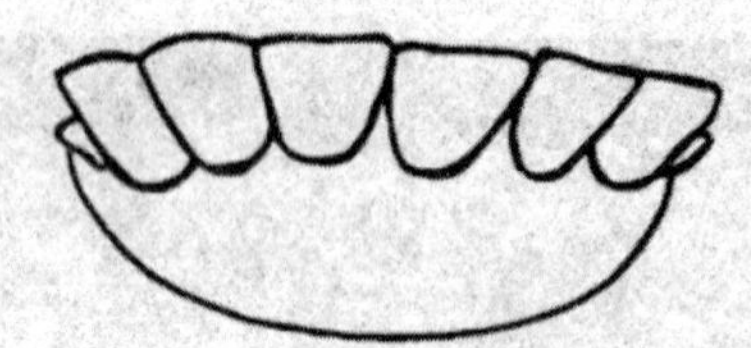

3对恒切齿（42 ~ 48月龄）

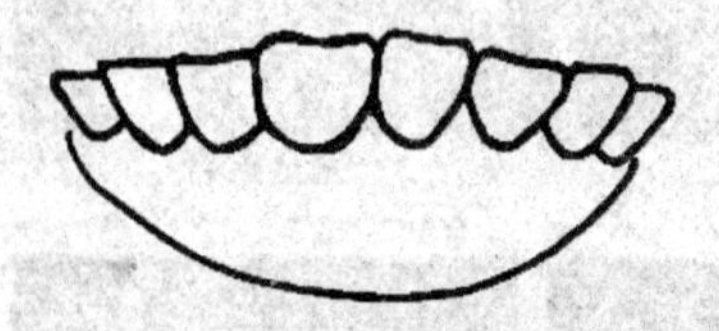

4对恒切齿（54 ~ 60月龄）

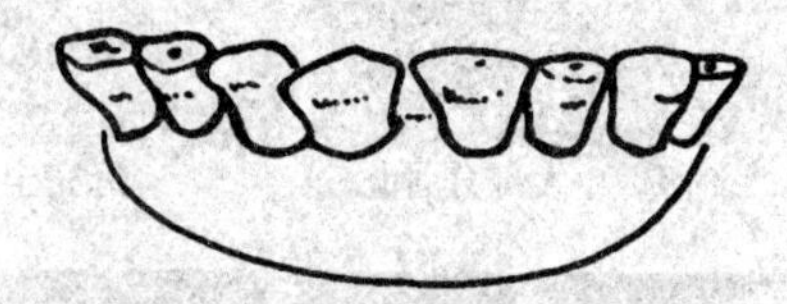

恒切齿磨损严重（72月龄以上）

附录 D 牛门齿变化及脊椎骨骨质化程度与生理成熟度的关系

表 D.1 牛门齿变化与年龄的关系

年龄	门齿的变化
12 月龄	乳钳齿或内中间齿齿冠磨平，牙齿间隙增大
18~24 月龄	乳钳齿脱落，换生永久钳齿（出现第一对永久门齿）
30~36 月龄	乳内中间齿脱落，永久内中间齿长出（出现第二对永久门齿）
42~48 月龄	乳外中间齿脱落，永久外中间齿长出（出现第三对永久门齿）
54~60 月龄	乳隅齿脱落，换生永久隅齿（出现第四对永久门齿，也叫齐口）
66~72 月龄	钳齿与内中间齿磨损较重，钳齿珐琅质快磨完，齿面呈椭圆形
72 月龄以上	钳齿齿面呈长方形，内、外中间齿呈横椭圆形

表 D.2 脊椎骨骨质化程度、门齿变化与生理成熟度的关系

脊柱部位	生理成熟度				
	A	B	C	D	E
	24 月龄以下	24~36 月龄	36~48 月龄	48~72 月龄	72 月龄以上
	无或出现第一对永久门齿	出现第二对永久门齿	出现第三对永久门齿	出现第四对永久门齿	永久门齿磨损较重
荐椎	明显分开	开始愈合	愈合但有轮廓	完全愈合	完全愈合
腰椎	未骨化	一点骨化	部分骨化	近完全骨化	完全骨化
胸椎	未骨化	未骨化	小部分骨化	大部分骨化	完全骨化

附录 E　牛肉胴体等级图

大理石花纹等级	A（12~24 月龄）	B（24~36 月龄）	C（36~48 月龄）	D（48~72 月龄）	E（72 月龄以上）
	无或出现第一对永久门齿	出现第二对永久门齿	出现第三对永久门齿	出现第四对永久门齿	永久门齿磨损较重
5 级（丰富）	特　级（S 级）				
4 级（较丰富）			优级（A 级）		
3 级（中等）			良级（B 级）		
2 级（少量）				普通级（F 级）	
1 级（几乎没有）					

注：附录 E 中给出的等级为在 11~13 肋骨间评定等级，若在 5~7 肋骨间评定等级时，大理石花纹等级应再减去一个等级。例：如果在 5~7 肋骨间评定等级时，大理石花纹等级为 4 级，等同于在 11~13 肋骨间评定等级时的 3 级，用附录 E 时大理石花纹等级应选 3 级。

第三章　肉牛繁殖

第一节　繁殖技术

1. 什么是牛的初情期与性成熟?

犊牛在生长发育到一定阶段，生殖器官的生长速度明显加快，出现发情症状。犊牛第一次出现发情表现的时期为初情期，初情期的牛，生殖器官的结构与功能日趋完善，性腺能够分泌生殖激素，母牛卵巢能产生具有受精能力的卵子，牛的这种表现称为性成熟。

初情期虽有发情表现，但有些牛发情表现不完全，发情周期往往不正常，其生殖器官仍在继续生长发育中。牛的初情期受遗传、营养、气候等因素的影响。

初情期出现的时间为：奶牛 8~10 月龄，黄牛 6~8 月龄。

牛的性成熟的年龄为：奶牛 14~16 月龄，黄牛 8~14 月龄。

2. 牛的初配年龄是多久?

牛的初配年龄，应根据其具体发育生长状况而定，配种一般比性成熟要晚。开始配种时的体重应为成年体重的 70%左右，黄牛要达到 300~350kg。对于母牛，性成熟期一旦妊娠，则因子宫发育未完全，既影响本身的生长，又影响胎儿的生长发育，所以不适当的早配，容易导致畜种的退化。

牛的初配年龄是：奶牛 14~16 月龄，黄牛 15~18 月龄。

3. 什么是牛的发情周期，发情持续期有多久？

发情周期通常指母牛由一次发情期的开始到下次发情期开始的间隔时间。牛的发情周期一般为18~24d。发情持续期为从开始出现发情表现到发情症状消失所持续的时间。牛的发情持续时间为：奶牛10~36h，黄牛18~45h。

牛的发情周期和发情持续期受到季节、纬度、光照和营养等诸多复杂外界因素的影响。

牛发情周期的有关参数见表3-1。

表3-1　牛发情周期的有关参数

品种	发情持续期（h）	发情周期（d）	产后发情时间（d）
奶牛	18（10~36）	21（20~24）	58~83
肉牛	16~18	21（20~25）	46~104
黄牛	30（18~45）	21（18~24）	58~83

4. 牛的发情征状有哪些？

（1）行为变化。敏感躁动，有人或其他牛靠近时，回首眸视，寻找其他发情母牛，活动量、步行数大于常牛5倍以上，嗅闻其他母牛外阴，下巴依托其他牛臀部并摩擦，压捏腰背部下陷，尾根高抬，有的食欲减退和产奶量下降，爬跨其他牛或“静立”接受其他牛爬跨，后者是重要的发情鉴定征候。

（2）身体变化。外阴潮湿，阴道黏膜红润，阴户肿胀，外阴有透明、线状黏液流出，或沾污于外阴周围，黏液有强的拉丝性。臀部、尾根有接受爬跨造成的小伤痕或秃毛斑，有时体表潮湿，有蒸腾状，60%左右的发情母牛可见阴道出血，这大约在发情后第2天出现。这个征候可帮助确定漏配的发情牛，为跟踪下次发情日期或为应用前列腺素调整发情日期提供可靠依据。

5. 如何进行母牛的发情鉴定？

发情鉴定的目的是及时发现发情母牛，正确掌握配种时间，防止

发情母牛爬跨其他母牛、接受爬跨

外阴有透明、线状黏液流出

误配漏配，提高受胎率。发情鉴定是牛繁殖工作中一个重要技术环节。鉴定牛发情的方法有外部观察法、试情牛法、阴道检查法、直肠检查法等。

(1) 外部观察法，是鉴定母牛发情的主要方法。主要根据母牛的外部表现来判断发情的状况。母牛发情时表现兴奋不安，对外界环境的变化反应敏感，东张西望，食欲减退，反刍时间减少，不时哞叫，举尾拱背，频频排尿。发情母牛阴唇肿胀，从阴道流出黏液，初期量少，盛期较多，后期又减少。随着发情时间的延长，黏液由稀薄透明变为较浑浊而浓稠，常粘在阴唇下部及尾根或臀端周围被毛处，随后结痂。根据观察母牛爬跨其他母牛来确定母牛的发情表现最有价值。母牛发情时常引起公牛或其他母牛尾随或爬跨，但在发情初期不接受爬跨，发情盛期接受爬跨而站立不动，后肢开张，举尾拱背。由于公牛或其他母牛多次爬跨，往往在发情母牛背腰和尾部留有泥垢，被毛蓬乱。可根据此种现象确定发情母牛。在发情末期，虽有公牛或母牛尾随，但发情母牛不接受爬跨，并逐渐变得安静。

大型牧场目视观察还可借助于发情记号笔。方法是：将所有符合配种条件的牛每天进行两次尾跟上部专用记号笔涂抹或喷漆（上、下午各一次），同时进行发情观察，仔细观察牛尾根有无被爬跨的痕迹，颜料将尾根周围毛及皮肤染色，尽可能记录发情牛的第一次稳爬时间，同时也要知道发情结束时间以及发情持续时间等，这有利于输精时间的准确推算和适时配种。

（2）试情牛法。利用输精管结扎的公牛或阴茎改道或切除阴茎的公牛试情。可观察到公牛紧随发情母牛，效果较好。为了减少公牛结扎输精管的麻烦，可选择特别爱爬跨的母牛代替公牛，效果更好。因为结扎输精管的公牛仍能将阴茎插入母牛阴道，可能引起感染。

（3）阴道检查法，又称开膣器法，是鉴定母牛发情的辅助方法。其方法是用开膣器将阴道张开，观察阴道黏膜分泌物和子宫颈外口的变化，从而判断母牛发情与否。不发情母牛阴道黏膜苍白，干燥，子宫颈口紧闭。母牛发情时，阴道黏膜充血、潮红、湿润；阴道内有较多的黏液分泌物，有时打开阴道，可见黏液呈玻璃棒状从子宫颈口流出，与阴道黏液连在一起。随着发情时间的延长，黏液逐渐由稀变稠，量由多变少。子宫颈外口充血、松弛、开张。

阴道检查的操作：先将母牛保定在配种架内或牛床上，尾巴用绳子拴向一侧，外阴部清洗消毒。开膣器清洗擦干后，用75%酒精棉球擦拭，再以酒精火焰消毒，然后涂上灭菌的润滑剂。左手拇指、食指和中指将阴唇分开，右手持开膣器稍向上插入阴门，然后再按水平方向插入阴道，打开开膣器，通过反光镜或手电光线观察阴道内变化。检查完后把开膣器稍稍合拢，但不能完全合拢，缓缓从阴道内抽出，防止损伤阴道壁黏膜。用过的开膣器要及时清洗，消毒后方可用来检查另一头母牛。

因为该方法容易损伤阴道，并且开膣器的清洗消毒又麻烦，故已不常用于牛发情鉴定。

（4）直肠检查法。即操作者将手伸入母牛直肠内，隔着直肠壁检查生殖器官的变化、卵巢上卵泡发育情况，以判断母牛发情与否的一种方法。母牛发情时，可以摸到子宫颈变软、增粗，由于子宫黏膜水肿，子宫角体积增大，收缩反应明显，质地变软，卵巢上有发育的卵泡并有波动感。

直肠检查的操作：先将母牛保定在配种架内或牛床上，尾巴用绳子拴向一侧，外阴部清洗消毒。检查者首先应将指甲剪短磨光，戴上长臂手套，手套上涂上润滑剂。然后用手抚摸肛门，将手指并拢成锥形，以缓慢旋转动作伸入肛门，掏出宿粪。再将手伸入肛门，手掌展平，掌心向下，按压抚摸，在骨盆底部可摸到圆且质地较硬的棒状物，感觉像鸡的脖子，即为子宫颈。沿子宫颈向前触摸，在正前方摸到一浅沟即为角间沟，沟的两旁为向前下弯曲的两侧子宫角。沿着子宫角大弯向下稍向外侧可摸到卵巢。这时可用食指和中指把卵巢固定，用拇指肚触摸卵巢大小、质地、形状和卵泡发育情况。操作要仔细，动作要缓慢。在直肠内触摸时要用指肚进行，不能用手指乱抓，以免损伤直肠黏膜。在母牛强力努责或肠壁扩张成坛状时，应当暂停检查，并用手揉搓按摩肛门，待肠壁松弛后再继续检查。检查完毕手臂应当清洗、消毒，并做好检查记录。

为牛佩戴的计步器，可获取牛运动量的数据，一般发情的牛运动量大幅增加，借助此数据可提高发情鉴定的准确率。这种检测系统是通过牛的活动量来提示牛发情的。环境的改变、牛群移动都可能会造成提示错误，所以要求配种员必须具备较高的直肠检查能力，通过触摸卵巢来确定牛是否发情。

由于母牛发情期较短，发情外部表现比较明显，所以一般都以外部观察法作为判断发情的主要方法。目前随着直肠把握输精法的广泛采用，直肠检查法也在生产实践中逐步应用。

6. 如何保存精液？

冷冻精液应浸在液氮生物容器中保存。取放精液时在空中暴露时间不超过5s。

7. 精液的质量标准是什么？

冻精活力≥0.35，直线运动精子密度≥1 000万，顶体完整率≥

40%，畸形精子率≤20%，非病原细菌数≤1 000个/mL。

8. 如何解冻精液及装枪?

从液氮生物容器中取精液时，装有精液细管的提桶上缘不可超过液氮生物容器的结霜线，并且从夹取冻精细管到放入解冻容器的时间不能超过5s，在5s内不能成功夹取的应迅速将提桶放入液氮容器中，停留20s后再重新进行夹取。精液细管取出后，立即放入40℃水中解冻，解冻时间为20s。20s后，取出冻精细管并擦干上面的水珠，输精器推杆后退，细管装至管内，冻精封口端在前，棉塞端朝里，再用细管剪剪掉细管封口端1cm左右，最后将塑料外套管套在输精管上并固定好。为防止紫外线对精子的损害，以上所有操作过程要避免太阳光的直射。

9. 如何进行人工授精操作?

直肠把握子宫颈输精是规范的配种技术。轻柔触摸肛门，使肛门肌松弛，手臂进入直肠时，应避免与努责、与直肠蠕动相逆向移动。

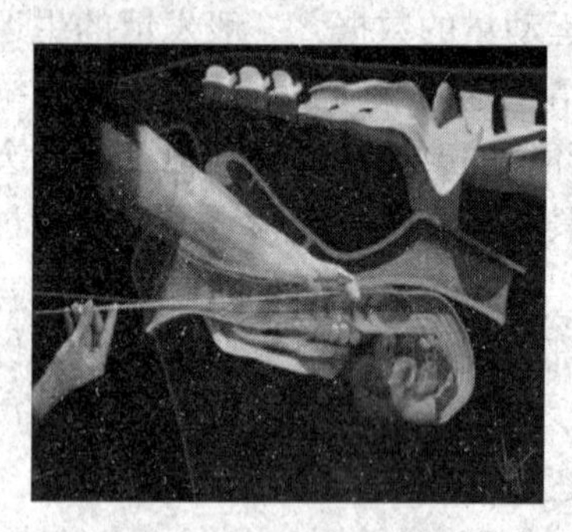

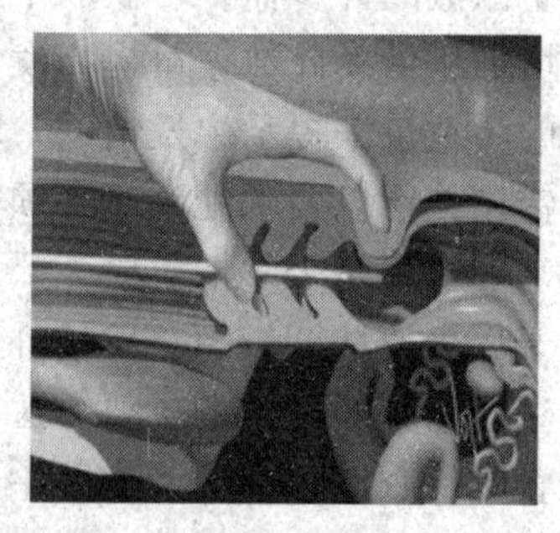

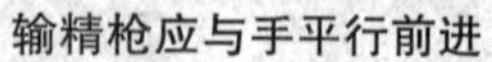

输精枪应与手平行前进　　在输精前，用食指检查枪头的位置

分次掏出粪便，避免空气进入直肠，而引起直肠膨胀，用手指插入子宫颈的侧面，伸入宫颈之下部，然后用食、中、拇指握住宫颈。宫颈比较结实，阴道质地松软，宫体似海绵体（触摸后为有弹性的实感），输精器以35°~45°向上进入分开的阴门前庭段后，略向前下方进入阴道宫颈段。把握宫颈的整个手势要柔和，在输精器进入宫颈

前，可将宫颈靠在盆骨边上，并轻轻挤压宫颈周围的阴道壁，使输精器只能进入子宫颈口，而不会误入阴道穹隆。输精枪进入子宫颈开口后，子宫颈的环状皱褶将阻止输精枪的通过。通过皱褶的方法：保持输精枪在子宫颈通道中的前进方向，并给输精枪向前的力量，用手指在枪头处使子宫颈上下左右倾斜摆动。

10. 妊娠诊断与流产鉴定技术有哪些？

（1）直肠诊断法。是对配种后 40d 左右第二个发情周期未发情的母牛进行妊娠诊断的一种方法。直肠诊断法是目前最容易、最快速、最便宜、可靠性较高的妊娠诊断方法，但是对操作者的技术要求比较高，对母牛的应激也非常大。

先摸子宫颈，再将中指向前滑动，寻找角间沟，向前向下，再向后，经产牛握住子宫角后拉，翻起整个子宫对两侧宫角进行触诊，孕角与非孕角有明显差异，表现为有胎的一侧充满液体感，子宫壁薄轻，轻触摸会感知有玻璃球样的物体从两指间滑过，无胎的一侧感觉有弹性且弯曲明显。

（2）超声波诊断。在配种后 28d，可使用超声波（B 超）检测妊娠情况。与直肠诊断法相比，超声波诊断法具有快速、直观、准确、应激小等特点。

先将母牛直肠内的宿粪清理干净，清理宿粪的同时预先找到子宫角在盆腔内的位置，以便探头可以快速地找到子宫角进行扫描。最后，手握探头进入直肠，将探头放置于两侧子宫角上分别进行扫描，得到图像进行判断。

（3）血检。抽血并分离出血清，用孕检试剂盒鉴别是否怀孕，准确率接近 100%。通过检测牛血液中 PAGs（Pregnancy Associated Glycoprotein，妊娠相关蛋白）可以在怀孕早期确认妊娠牛只，找出空怀母牛。这种检测方法基于免疫学原理，不仅准确性高，而且能避免过早地与胚胎直接接触，造成流产。同时，由于这种检测方法基于实验室条件进行，因此不受人员因素的干扰。

现将 3 种妊娠诊断方法比较列于表 3-2，牧场可根据实际情况，综合考虑，选择适合的初检方法。

表 3-2　3 种妊娠诊断方法比较

名目	直检	B 超	试剂盒、血检
初检时间	≥28d，日龄越大，准确率越高	≥28d	28~35d
诊断方法	胎膜滑动法，≥31d 尿囊羊膜囊触摸法，28~31d	超声波成像	血液妊娠特异性蛋白（PSPB）
对技术员依赖程度	依赖	弱	不需要
技术掌握难易度	较难掌握，需要经过长期、大量练习	经过短时间训练，即可掌握	无须培训，一般的技术人员均能熟练操作
准确性	存在不确定性、不稳定性，主观因素比例大	图像直观，真实可靠，准确性高	客观可靠

11. 牛配种后应进行几次妊娠诊断?

为保证牛受胎的准确性，母牛配种后最好进行 4 次妊娠诊断：配种 30~35d 进行第一次检查，采用兽用 B 超进行妊娠检查，如果没有受孕，就要进行一些处理诱导发情，比如注射前列腺激素；配后 60d 进行第二次手工直肠检查；第 120d 进行第三次检查，主要是散养牛群规模大，要把没观察到的流产牛找出来；干奶前期进行最后一次复查。

12. 如何推算母牛的预产期?

因牛的品种、营养、年龄、胎儿性别等不同，妊娠期长短有一定差异性。一般多为 270~285d，平均为 283d 左右。早熟培育品种、妊娠母牛营养水平高、壮年母牛、怀雌性胎儿等妊娠期稍短，反之妊娠期稍长。

为了做好分娩前准备工作，必须较准确地计算出母牛预产期。其计算方法是："配种月份减 3，配种日期加 6"即可。如果配种月份在 1 月、2 月、3 月不够减时，须借 1 年（加 12 个月）再减。若配种日期加 6 时，天数超过 1 个月，减去本月天数后，余数移到下月计算。

例1：A号牛2017年6月1日配种受胎，计算该牛预产期。

按上述公式：

月数：6−3=3（月）

日数：1+6=7（日）

该牛预产期为2018年3月7日

例2：B号牛2017年2月28日配种受胎，计算该牛预产期。

月数：2+12−3=11（月）

日数：28+6=34（日）减去11月的30日，即

34−30=4（日），再把月份加上1，即

11+1=12（月）

因此该牛预产期为2017年12月4日。

13. 分娩预兆有哪些？

牛分娩前，在生理和形态上发生一系列变化。根据母牛分娩前的变化，大致可以预测分娩时间，以便做好助产准备。

（1）乳房。乳房在分娩前迅速发育，腺体膨胀充实，有的出现乳房水肿。牛的乳房变化最为明显。临近分娩时，可从乳头中挤出少量胶状液体或少量初乳，也有出现漏乳现象。乳头的变化对估计分娩时间比较可靠，分娩前数天，乳头增大变粗，但乳头变化与营养状况有关。牛在出现漏乳现象后数小时到一天左右即可分娩。

（2）外阴部。临近分娩前数天，阴唇逐渐柔软、肿胀、增大，阴唇皮肤上的皱襞展开，皮肤稍变红。阴道黏膜潮红，黏液由浓厚黏稠变为稀薄滑润。

（3）骨盆。骨盆部韧带在临近分娩的数天内变得柔软松弛，这是因骨盆血管内的血量增多，静脉淤血，毛细血管壁扩张，血液的液体部分渗出管壁，浸润周围组织，骨盆韧带从分娩前1~2周开始软化，到分娩前12~36h，荐坐韧带后缘变为非常松软，外形几乎消失，荐髂韧带也变松软，故荐骨的活动性非常大。由于骨盆部韧带的松弛，臀部肌肉出现明显塌陷现象。初产牛这些变化不甚明显。当荐骨两旁的组织各出现一纵沟，荐坐韧带后缘完全松软时，分娩一般不超

过1d。

（4）行为。分娩前行为方面也有明显改变，乳牛的体温从产前1~2个月开始逐渐上升，可缓慢地提高到39~39.5℃。临产前12h左右，体温下降0.4~1.2℃，分娩过程和产后又逐渐恢复到产前的正常体温。

根据分娩预兆，牛在分娩前的变化各有不同，个体间反应也不一样，在生产中应全面观察，综合分析，以便做出对分娩时间的正确判断。

14. 接产要准备什么？

产圈要求：清洁、干燥、阳光充足、通风良好、无贼风、宽敞、远离噪声源、安静。产圈最好用褥草，褥草要勤更换，最好一天一换。产圈要有保定设施，方便及时检查。

药品及工具：接产所需所有物品应放在指定的地方，方便替班人员使用。尾巴保定绳、消毒液、碘酊、医用剪刀、润滑剂、助产链、助产钩、助产器、长臂手套、犊牛耳牌、耳号钳、蜡笔、手电筒等。

15. 接产流程是什么？

看见尿囊、羊水囊、露蹄时将牛赶到产圈，产圈区域要求安静，接产人员在观察牛只状态时要缓慢绕行，尽可能减少对牛的应激。成母牛在发现露蹄后，如果胎儿正常，三件（唇和两蹄）俱全，产程应该在0~2h，青年牛在2~4h，超过时间就要检查并助产。犊牛出生后，用大拇指揉搓脐带，在揉搓处远端剪断脐带，并用5%碘酒浸泡消毒1min。让母牛舔舐犊牛，清除黏液，吃初乳。

16. 母牛产后怎么护理？

产犊后要尽快将母牛驱赶站立。用0.1%高锰酸钾消毒水清洗母牛。清扫产房、消毒垫草。每天测量体温1~2次。在胎儿产出后5~6h胎衣应该排出，应仔细观察完整情况，如胎儿产出后12h以上胎衣尚未完全排出应请兽医处理。如胎儿产出后母牛仍进行努责，则有双胎的可能，即尚有一胎儿未产出，应做好下一胎儿的接生准备。

为促使恶露排出、生殖器官恢复、补充能量，母牛产后及时喂热益母草红糖水（益母草粉 250g，加水 1.5kg，煎成水剂后，加红糖 0.5kg 和水 3kg，饮时温度为 40℃），每天 1 次，连服 2~3 次。

为了母牛恢复体力和胎衣排出，母牛产后饮喂温热麸皮盐钙汤 10~20kg（麸皮 1~2kg，食盐 50~100g，碳酸钙 50g，水 10~20kg）。

17. 何时进行助产?

① 羊水破裂 2h 仍未娩出；② 牛蹄露出 20min 后没有进展；③ 舌头发紫或肿胀；④ 母牛剧烈努责，但 30min 后仍没有更多进展；⑤ 频繁努责后，停止努责 30min 以上；⑥ 胎势不正常，如头部向后弯曲；⑦ 大牛表现不安，有临产症状，但是不努责；⑧ 产道大量出血；⑨ 胎犊呈黄色或棕色。

18. 助产流程是什么?

① 对消毒器械、水桶、助产绳进行严格的消毒；② 清洗牛后躯，并进行消毒；③ 顺着牛努责和阵缩的趋势助产；④ 进行产道损伤检查，如有产道损伤，使用含消毒液的流水冲洗 10min，必要时进行缝合。

19. 程序化输精技术规程有哪些?

程序 1 的处理方法

① 第 0d 上午 8:00 开始肌内注射第一针 100μg 的 GnRH；

② 第 7d 上午 8:00 开始肌内注射 600μg 的 PG-Cl；

③ 第 9d 下午 4:00 肌内注射第二针 100μg 的 GnRH；

④ 第 10d 上午 8:00 开始进行人工输精操作。

在注射第一针 GnRH 后到注射第二针 GnRH 期间，若母牛发情，应进行人工输精操作，完成输精操作后无须进行后面的处理。在注射第二针 GnRH 后，不管母牛表现或者未表现发情，必须按照处理方法在第 10d 上午 8: 00 开始进行人工输精操作。

程序 2 的处理方法

① 第 0d 肌内注射 PG（成年牛 6mL、青年牛 5mL，/0. 322 mg/支），36~96h 观察发情，发情后 12h 配种。

② 未发情牛只第 11d 肌内注射 PG（成年牛 6mL、青年牛 5mL，(0. 322mg/支)，36~96h 观察发情，发情后 12h 配种。

20. 什么是胚胎移植?

胚胎移植亦称为受精卵移植，即借腹“怀胎”。胚胎移植的特点是从优秀的母牛（供体）收集胚胎，移植到同品种或异品种中生产性能一般的母牛（受体）子宫内，由受体完成妊娠和产仔的过程，以获得供体品种优良的后代，可以提高优良母牛繁殖能力。

21. 如何选择供体母牛?

选择发情周期正常（至少有两个连续正常的发情），直肠检查生殖器官（子宫和卵巢）正常，无生殖疾病的优质种（青年或者经产母牛）母牛作为供体。青年母牛要求 18 个月龄以上。

22. 超数排卵怎样处理?

供体母牛可采用国产或进口 FSH 制剂超排，国产 FSH 总剂量为 8. 0~8. 8mg/头供体，进口 FSH 总剂量在 390~400mg/头供体。

采用两种超数排卵方法处理供体母牛。

（1）FSH+PG 法。在供体母牛自然发情或者同期发情处理发情后的 9~11d（发情当天为 0d）任何一天开始激素超排处理。FSH 用生理盐水溶解后，4d 8 次剂量递减肌内注射，早晚各一次，间隔 12h。超排第 3d 注射 FSH 的同时肌内注射 PG 3 支。

（2）FSH+CIDR+PG 法。供体母牛在发情周期的任意一天阴道内埋植阴道栓（CIDR），计为 0d，第 6d 开始 FSH 激素超排处理，FSH 和 PG 注射方法同 FSH+PG 法，注射 FSH 第三天晚上注射 PG 时取出阴道栓，具体见表 3-3。

表 3-3　供体母牛 FSH 超排处理方案

时间（d） FSH 剂量	0	6	7	8	9	10	11	17
早晨 8:00	CIDR	FSH： 1.4mg	FSH： 1.05mg	FSH：0.7mg	FSH：0.35mg PG 3 支 取出 CIDR	发情	授精	冲胚
晚上 20:00		FSH： 1.4mg	FSH： 1.05mg	FSH：0.7mg PG 3 支	FSH： 0.35mg	授精 LH200IU	授精	

供体母牛发情后（发情当天为 0d）的 12h、24h 和 36h 分别用冷冻精液进行人工授精，第 2 次输精时，精液量加倍（两支冻精）。

23. 胚胎如何采集?

超排处理的供体母牛发情配种后 7d（发情当天计为 0d）进行非手术方法采集胚胎。

24. 胚胎采集程序是什么?

（1）保定和麻醉。供体牛在保定架内前高后低站立保定（便于冲卵液的回收），再根据供体牛的体重，给予利多卡因在尾椎与第一脊椎或第 1~2 节进行尾椎硬膜外麻醉（使用剂量：5mL 左右）。

（2）外阴部的清洁和消毒。待供体牛完全麻醉后，将牛尾保定好，手臂伸入直肠，掏出宿粪，然后用无菌卫生纸擦干净外阴，然后用 75% 的酒精喷壶对外阴部和阴道口周围喷洒消毒，最后用生理盐水冲洗。

（3）冲卵管的插入和固定。插入冲卵管时应注意无菌操作。冲卵管的外周先用酒精棉球擦洗，再用生理盐水润洗，冲卵管的前部不要触碰阴门外部或其他任何地方。助手先用生理盐水将冲卵管润湿，递给冲卵操作者后，助手两手拉住供体母牛外阴部，向后并向两边拉开阴门。冲卵操作者一手伸入直肠，另一手拿住冲卵管，将其送入阴道子宫颈外口，然后用直肠把握法将冲卵管插入子宫颈，使其顶部到达子宫颈的内口处。对于子宫颈难以通过的供体牛，应先用子宫颈扩张棒扩张子宫颈。在插入时，严禁划破子宫颈内黏膜，以免造成子宫颈黏膜出血。冲卵管进入子宫体后，必须立即将冲卵管向冲卵侧子宫角插入，不然容易损伤隔膜。两手配合将带有钢芯的采卵管插入子宫角，直到采卵管到达子宫角小弯处为止。手在直肠内将子宫角与采卵管固定住，开始向气囊内打气，直肠内的手轻轻地感觉气囊大小，以气囊能紧贴于子宫壁，而又不造成子宫内膜损伤时，表明气囊充气适中。最后抽出钢芯，固定好冲卵管。

（4）冲卵液的注入和导出。采卵管固定好后，用50mL注射器通过采卵管向子宫角注射PBS冲卵液20~40mL并回收PBS液，每侧子宫角重复5~6次，每侧子宫角所需PBS冲卵液为150~250mL。

（5）采胚后处理。两侧子宫角冲完后，为预防子宫内感染，供体牛子宫内灌注20mL宫净康，然后注射PG 6mL/头（0.161mg/mL）以消除黄体，采胚结束。

25. 怎么鉴定胚胎的质量？

冲卵回收液经集卵杯过滤后体视显微镜下捡卵，捡出的胚胎移入胚胎保存液中（35℃左右）。在体视显微镜下进行质量鉴定。依据胚胎形态分为可用胚胎和不可用胚胎（退化胚胎和未受精卵）。胚胎的级别划分按中国农业大学胚胎的分级标准。

1级胚胎：胚胎形态完整，处于正常的发育阶段，外形匀称，胚胎呈球形；分裂球细胞大小均匀，结构紧凑，透明度适中，没有或只有少量游离细胞。

2级胚胎：发育稍迟缓，有少量游离细胞（少于20%）。细胞团完整，胚胎仍呈球形，细胞之间结合紧密。

3级胚胎：发育迟缓1~2d，卵裂球大小不均匀，透明度变化明显（太暗或太明），胚胎游离细胞较多（大于20%，小于50%），细胞联结不够紧密，但胚胎仍呈球形，有明显的细胞团结构。

4级胚胎：发育迟缓（2d以上）；细胞团破碎；细胞死亡退化。

26. 胚胎如何冷冻保存？

胚胎冷冻液为EG冷冻液（10%乙二醇，美国AB公司），冷冻仪为澳大利亚生产的CL5500型。

胚胎冷冻采用一步细管法冷冻（慢速常规冷冻），具体步骤为：将

1、2级胚胎用于冷冻。冷冻前将胚胎在保存液中冲洗10次，然后直接放入冷冻液，并将胚胎装入细管：用AG冷冻液/保存液→装管，5min→冷冻仪（-6℃）→在-6℃平衡5min→植冰（5~7s）→继续平衡5min→以0.4~0.6℃/分的速度下降→-35℃→平衡5min→投入液氮。

27. 如何选择受体母牛和同期发情处理？

胚胎移植受体母牛至少具有2个正常发情周期，无繁殖疾病的母牛作为受体。

供体母牛超排处理的第2天，受体母牛肌内注射PG 3支进行同期发情处理，注射PG后36~48h观察发情并详细记录。

28. 如何进行胚胎移植？

选择发情母牛，检查受体母牛黄体质量，尾椎硬膜外麻醉（利多卡因或者普鲁卡因10mL）或者静松灵全身麻醉（1mL），采用非手术法将胚胎移植到受体子宫角内。如果移植的胚胎是鲜胚，实验室将胚胎装管后直接移植，如果是冷冻胚胎，则需要解冻。胚胎解冻具体步骤如下：从液氮灌中取出胚胎→32℃水浴10s→拭干细管→用70%酒精棉球擦拭细管→剪去细管封口（或者去掉细管塞）→把细管胚胎装入移植枪→移植受体。

第二节　母牛繁殖性能指标

1. 怎样计算牛的繁殖力指标？

（1）情期受胎率。表示妊娠母畜数与配种情期数的比率。此指标能较快地反映出畜群的繁殖问题。

$$情期受胎率（\%）=\frac{妊娠母畜数}{配种情期数}\times 100$$

（2）第一情期受胎率。指第一次配种就受胎的母畜数占第一情期配种母畜总数的比率。包括青年母牛第一次配种或经产母牛产后第一次配种后的受胎率，主要反映配种质量和畜群生殖能力。人工授精技术水平高低、精液质量较差、公畜交配太频繁、母畜屡配不孕等因素，均可影响情期受胎率，可用如下公式表示：

$$第一情期受胎率（\%）=\frac{第一情期受胎母畜数}{第一情期配种母畜数}\times100$$

（3）总受胎率。年内妊娠母畜头数占配种母畜头数的百分率。此指标反映了牛群的受胎情况，可以用来衡量年度内的配种计划完成情况。配种后2个月以内出群的母牛，可不参加统计，2个月后出群的母牛一律参加统计。年内受胎两次以上（含两次）母牛（包括早产和流产后又受胎的），受胎头数应同时计算。公式可表示为：

$$总受胎率（\%）=\frac{年受胎母畜数}{年配种母畜数}\times100$$

（4）繁殖率。指本年度内实繁母牛数占应繁母牛数的比率。

$$繁殖率（\%）=\frac{年实繁母牛头数}{年应繁母牛头数}\times100$$

此项指标是生产力的指标之一，可用来衡量牛场生产技术管理水平。

（5）受胎指数。指每次受胎所需的配种次数。无论自然交配还是人工授精，指数超过2，都表示配种工作没有组织好。

$$受胎指数（\%）=\frac{配种总次数}{受胎头数}\times100$$

（6）产犊间隔。两次产犊间隔时间，是牛群繁殖力的综合指标，亦称平均胎间距。除一胎牛外，凡在年内繁殖的母牛均应进行统计。由于妊娠期是一定的，因此提高母牛产后发情率和配种受胎率，是缩短产犊间隔、提高牛群繁殖力的重要措施。

$$产犊间隔=\frac{\sum胎间距}{n}$$

其中：n——头数

胎间距——当胎产犊日距上胎产犊日的间隔天数

$\sum$胎间距——n个胎间距的合计天数

（7）犊牛成活率。出生后3个月时犊牛成活数占产活犊牛数的比率。

$$\text{犊牛成活率（\%）}=\frac{\text{生后 3 个月活犊牛数}}{\text{总产活犊牛数}}\times 100$$

此外，不返情率、空怀率、流产率等，在一定情况下也能反映出繁殖力和生产管理技术水平。

2. 牛的正常繁殖力指标有多少?

牛的繁殖力，常用一次受精后的受胎效果来表示。一般成年母牛的情期受胎率为 40%～60%；年总受胎率 75%～95%；年繁殖率 70%～90%；第一情期受胎率 55%～70%；产犊间隔 14～15 个月。由于品种、环境气候和饲养管理水平及条件在全国各地有差异，所以牛群的繁殖力水平也有差异。在澳大利亚的肉牛生产中，繁殖力较高的母牛产犊间隔只有 365d，从配种至分娩的间隔时间平均只有 300d，总受胎率 90%～92%，产犊率可达 85%～90%，犊牛断奶成活率可达 83%～88%。

第四章　草畜配套技术

第一节　牧草品质的评价标准

1. 优质牧草的内涵是什么?

牧草，广义上是指能够用于饲喂家畜的草类植物，包括草本型、藤本型及灌木类植物；狭义上指供家畜饲用的可栽培草本植物。而优质牧草则是指人们在长期的生产实践中，筛选培育出来具有产量高、适应性强、营养丰富、栽培容易等优点的饲用草本植物。目前，优质的牧草主要是黑麦草、皇竹草、甜高粱、鸭茅、牛鞭草等禾本科牧草，紫花苜蓿、三叶草、草木樨、紫云英、百脉根、毛苕子、红豆草、小冠花等豆科牧草。

2. 优质牧草的评价标准是什么?

优质牧草通常是用最基本的表现：生物产量和品质来评判的。不同种类的牧草，在生物产量和品质上有明显的差别。

在生物产量方面，在水肥条件充足的条件下，在不同种类牧草最适合的收获时期，其生物学产量有很大的差异。如豆科牧草在最适收获的现蕾盛期—始花期，紫花苜蓿可年产鲜草2 500~3 000kg/亩；白三叶年产鲜草3 000~4 000kg/亩。禾本科牧草在最适收割的孕穗初期，一年黑麦草可年产鲜草3 000~5 000kg/亩；扁穗牛鞭草可年产鲜草10 000~15 000kg/亩；甜高粱可年产鲜草12 000~15 000kg/亩。

在品质方面，紫花苜蓿、白三叶、红三叶、红豆草、小冠花、草木樨等豆科牧草含有丰富的蛋白质、钙和多种维生素，开花前粗蛋白质占干物质的15%以上，而多花黑麦草、甜高粱、皇竹草、扁穗牛鞭草、鸭茅、苇状羊茅等禾本科牧草其蛋白质和钙含量比豆科牧草低，但其含有丰富的糖类及其他碳水化合物。

3. 影响牧草品质的因素有哪些?

在生产过程中，影响对牧草品质的因素主要是牧草种类、种植管理、收获时间、收获和存储措施。

（1）牧草种类。不同的牧草种类，其含粗蛋白、粗脂肪和碳水化合物的量都有很大的不同。豆科牧草含有丰富的蛋白质、钙、磷和丰富的维生素，如紫花苜蓿干草中粗蛋白含量可达20.01%，白三叶干草中粗蛋白含量达27.6%；禾本科牧草含有丰富的糖类及其他碳水化合物，如一年生黑麦草粗蛋白含量只有7.36%，无氮浸出物高达42.97%；甜高粱粗蛋白含量在12%，含糖量在7%~8%。

（2）种植管理。在牧草生产中需合理安排施肥、灌溉、刈割等措施以提高牧草的生物产量和品质。牧草生长得越好，从土壤中摄取的营养就会越多，合理施肥就是为了保障牧草的营养需要，以提高牧草的生物产量，同时改变牧草营养成分。合理灌溉就是能使牧草地的土壤营养和水分状态保持最佳状态，水分的过量或不足不只是影响牧草产量，而且使牧草品质变劣，降低牧草的营养价值。合理的灌溉措施，是保证牧草高产量、高品质的必要措施。刈割是一种人为干扰栽培利用技术，也是草地利用和管理的主要方式，主要是通过刈割强度和刈割方法来影响牧草中营养物质和产量的变化。由于牧草种类及生长特性存在差异，刈割对不同牧草生物产量及品质的影响程度也就不同。通过适宜刈割不但能充分发挥牧草的均衡性生长和超补偿性生长作用，还能够通过改变营养物质在牧草体内沉淀与分配方式、生理指标来促进牧草生长，进而提高牧草的产量和品质。

（3）收获时间。如果牧草收获过晚，植株木质化增加，蛋白含量和消化率都会下降，收获过早则会降低牧草的产量。适时收割可减少收获过程中牧草叶片的脱落损失，收获时机选择得当，可使下一茬牧草多分嫩枝，增加产量，提高叶茎比。收获时期的选择需要根据当地气候特点和规律选择性地错开当地雨季进行收获，才能保证牧草的产量和品质。

（4）收获和存储措施。牧草收获以后，尽可能减少叶片的损失，及时入库，是保证牧草品质的重要环节。试验证明，被割倒的苜蓿在割茬上晾晒 3d，粗蛋白含量能保持在 85%~90%；超过 7d 以上，蛋白损失可达 50%；如果自然晾晒 30d，牧草枯黄，木质化程度较高，牧草就不再具备饲用价值了。牧草水分达到安全水分（一般在 18% 以下），应及时捡拾打捆，运输储藏。

第二节　选择适宜牧草品种的方法

1. 不同气候条件适宜种植什么牧草？

根据陆地表面接收太阳能热量的不同，我国可分为热带和温带两个气候带，优质牧草也在这两个区域广泛分布。

（1）温带牧草。这类牧草分布在我国北方在北回归线以北的地区，其气候特点表现明显的季节性，夏季炎热多雨，冬季寒冷低湿，春秋多风干燥，气候条件复杂。目前生产上利用的牧草大多数属于温带牧草，如豆科的苜蓿属、三叶草属、草木樨属、胡枝子属、黄芪属及禾本科的黑麦草属、雀麦属、披碱草属、冰草属、鸭茅属、羊茅属等属中牧草种。

（2）热带牧草。这类牧草分布在我国华南、西南（北回归线以南）等地区，这里冬夏昼夜时间相差不大，全年气温变化不明显，降水多而均匀，蕴藏了大量的牧草资源。如禾本科牧草中的雀稗属、地毯草属、画眉草属、虎尾草属、狼尾草属、高粱属及豆科的柱花草属、合欢草属、菜豆属、扁豆属、银合欢属等属中的牧草。有些牧草也可以在温带广泛种植，如苏丹草、玉米、高粱、大豆等。

2. 不同地理位置适宜种植什么牧草？

根据我国不同地区地理位置特点和当地气候条件，将牧草分为冷地型、暖地型及过渡带型 3 类。这种分类方法在草坪上得到广泛应用，与国外对牧草的划分比较相近。

（1）冷地型牧草。该类牧草最适宜生长温度在15～24℃，主要分布在我国黄河以北地区。其特点是能适应相当冷的冬季低温，但耐高温能力差，常在炎夏出现休眠或死亡现象。因此我国北方草原或牧草基地大多种植此类。如苜蓿、白三叶、沙打旺、红豆草、草木樨、毛苕子及多年生黑麦草、披碱草、苇状羊茅、草地早熟禾、冰草、羊草等。

（2）暖地型牧草。该类牧草最适生长温度在27～32℃，主要分布在我国长江以南地区。其特点是适应夏季的高温，耐低温能力差，在南方冬季会出现休眠现象，在北方冬季不能自然越冬。这类牧草大多以营养繁殖为主。如非洲狼尾草、狗牙根、画眉草、巴哈雀稗、苏丹草及紫云英、红三叶、柱花草等。

（3）过渡带型牧草。该类牧草分布于黄河以南、长江以北地区，对温度的适应范围较广，包括冷地型牧草中耐热性强和暖地型牧草中耐寒性强的种类。如多年生黑麦草、苇状羊茅、苜蓿、白三叶及结缕草、苏丹草、红三叶等。

3. 不同土壤状况适宜种植什么牧草?

牧草种植与土壤有十分密切的关系，特别是土壤的酸碱度。根据牧草抗酸碱度的能力，将土壤大致分为碱性土壤（pH值≥7.5）、中性土壤（6.5≤pH值≤7.5）、酸性土壤（pH值≤6.5）。通过多年的牧草种植实践，结合牧草的生物学特性，研究出在不同土壤类型中选择合适牧草的经验理论。比如酸性土壤适宜种植的牧草有多花黑麦草、多年生黑麦草、苏丹草、扁穗牛鞭草、鸭茅、苇状羊茅、甜高粱等；碱性土壤适宜种植的牧草有沙打旺、冰草、披碱草、羊草、紫花苜蓿、碱草、百脉根；中性土壤可以种植绝大多数种类的优质牧草。

4. 不同利用目的适宜种植什么牧草?

根据牧草利用目的及使用方式不同，可分为刈割型牧草、放牧型牧草和牧刈型牧草3类：

（1）刈割型牧草。这类牧草植株较高，一般高于50cm，其茎叶增高主要是靠枝条顶端的生长点延长实现的，或者是从地上枝条叶腋处的芽新生出再生枝，放牧或低刈容易伤害顶端生长点和再生芽，不适合放牧和低刈。如黑麦草、扁穗牛鞭草、沙打旺、草木樨、苏丹草、皇竹草等。

（2）放牧型牧草。这类牧草植株较低，不超过20cm，多为地下根茎或匍匐茎，且株丛低矮密生，仅能够放牧，不适宜刈割。如碱草、草地早熟禾、紫羊草、白三叶、红三叶等。

（3）牧刈型牧草。这类牧草高度适中，植株生长增高是靠枝条节间伸长或者低下根茎节、分蘖节生出再生枝实现，能够在放牧或低刈后继续生长再生，具有极强的耐牧性和耐刈性。如苜蓿、白三叶、红三叶、垂穗披碱草、老芒麦、羊草等。

5. 不同栽培季节适宜种植什么牧草？

牧草播种期的确定主要是根据其生物学特性和栽培地区的水热条件、杂草危害及利用目的，一般分为春播和秋播。春性牧草一般是春播；冬性牧草可以秋播，也可春播，但秋播更为有利，因为秋季土壤墒情好，杂草少，利于出苗和生长。综合春秋季气温条件、水湿条件和牧草的生物学特性（抗寒性和耐热性）等因素，总结出适合春播的牧草有扁穗牛鞭草、青贮玉米、甜高粱、皇竹草、苏丹草、狼尾草、胡枝子等，适合秋播的牧草有多年生黑麦草、一年生黑麦草、紫花苜蓿、白三叶、红三叶、鸭茅等。

6. 不同种植模式适宜种植什么牧草？

根据牧草的种植模式不同，可以分为单播、混播、套作和轮作4种。

（1）单播。是指栽培牧草或建植人工草地时只播种一种牧草，多为建植刈割草地。一般适合单播的牧草有紫花苜蓿、一年生黑麦草、扁穗牛鞭草、青贮玉米、皇竹草、甜高粱等。

（2）混播。是建植人工草地时播种两种或两种以上牧草，多为建植多年生放牧草地或改良草地。常用的混播品种有鸭茅、白三叶、一年生黑麦草、红三叶、多年生黑麦草等。

（3）套作。是在前季牧草生长后期的株行间播种或移栽后季牧草的种植方式，以提高光能和土地的利用率。牧草套作模式一般是多年生牧草与一年生牧草的套作、禾本科牧草与豆科牧草的套作。如皇竹草与一年生黑麦草的套作，大力士甜高粱或青贮玉米与拉巴豆套作。

（4）轮作。是在同一地块上，有顺序地在季节间或年间轮换种植不同牧草的一种种植模式。一般是夏秋季节生长的牧草或农作物与冬春季节适宜生长的一年生牧草进行轮作，如甜高粱、玉米、水稻等短季暖性高产作物与短季冬春牧草一年生黑麦草的轮作。

第三节　常用肉牛饲用牧草及优质高产栽培技术

1. 常用品种有哪些？

根据瑞典植物学家林奈确立的双名法植物分类系统，可以把栽培牧草分为禾本科牧草、豆科牧草和其他科牧草。

（1）禾本科牧草。品种繁多，占栽培牧草70%以上，是建立牧刈兼用型人工草地和改良天然草地的主要牧草。目前肉牛养殖中常用的禾本科牧草有披碱草、多花黑麦草、多年生黑麦草、鸭茅、无芒雀麦、象草、苏丹草、皇竹草、墨西哥玉米、甜高粱等。

（2）豆科牧草。是栽培牧草中最重要的一类牧草，由于特有的固氮性能和改土效果，使得早在远古时期就用于农业生产中。因其富含氮素和钙质而在农牧业生产中占据重要地位。肉牛养殖中常用的豆科牧草有紫花苜蓿、草木樨、白三叶、红三叶、紫云英、百脉根、沙打旺、红豆草、毛苕子、小冠花等。

（3）其他科牧草。指不属于豆科和禾本科的牧草，虽说在种类数量上和种植面积上都不如豆科牧草和禾本科牧草，但在农牧业生产中仍有重要作用，如菊科的苦荬菜和串叶松香草，紫草科的聚合草、苋科的千穗谷和籽粒苋、蓼科的酸模、藜科的饲用甜菜等。

2. 高产栽培技术要点有哪些?

高产栽培技术就是根据多年的实践经验，采用合理科学的生产措施，能有效提高牧草品质和生物学产量的栽培技术，主要包括种子处理、整地、播种、田间管理等。

3. 牧草种子如何处理?

通过检验播种材料，对种子休眠率高和净度差的种子应在播种前采取相应的处理，并结合种子包衣技术，提高播种质量和效果。

（1）破除休眠。种子休眠时指在给予适宜的水分、温度、光照、空气等发芽条件后，种子仍不能萌发的现象，这种现象在牧草中普遍存在。豆科牧草是由于种皮结构致密和具有角质层而致使种皮不透水造成种子休眠，是硬实种子；禾本科牧草是由于种胚不成熟造成的休眠，需要等种子完全成熟后才能发芽，是后熟种子。

对于豆科牧草硬实种子，通过破坏种皮结构可有效破除种子休眠，提高发芽率。常用的方法是机械处理、温水处理、化学处理。对禾本科牧草后熟种子，通过加速后熟发育速度，缩短休眠期，来促进种子萌发，常用的方法是晒种处理、热温处理、沙藏处理。

（2）清选去杂。对于杂质多、净度低的播种材料应在播种前采取必要的清洗措施，许多豆科牧草的种子都掺有荚壳，禾本科牧草种子常掺有长芒、常绵毛、颖壳和穗轴等附属物，这些杂质在播种前尽可能去掉。清洗种子根据杂质特点不同而选用合适的方法。比如，有与种子大小和形状不同的杂质可选用过筛方法；有与种子比重不同的杂质可选用风选和水漂方法；有附属物的种子需采用破碎附属物的方法清除杂质。长芒和长绵毛是危害播种质量最大的杂物，可选用去芒机，常见的是锤式去芒机。

（3）包衣拌种。是指将根瘤菌、肥料、灭菌剂、灭虫剂等有效物质，利用黏合剂和干燥剂涂黏在种子表面的丸衣化技术。该技术初创于20世纪40年代，经过长期的改进和完善，已成为许多国家农作物和牧草种植技术规程中的一项基本作业，并在种子贸易中形成商业化。经包衣处理的牧草种子，播种后能在土壤中建立一个适合种子萌发的微环境。对禾本科种子，包衣作业可以清除长芒或长绵毛等杂质，并加重种子的重量，提高种子流动性；对豆科牧草种子，包衣作业可接种根瘤菌，提高固氮效率；利用包衣技术也可把肥料、灭菌剂、灭虫剂等与种子丸衣化，以提高播种质量和促进牧草生长发育，这是一项非常有效的增产措施。

4. 整地的技术要点有哪些?

整地是指作物播种或移栽前进行的一系列土壤耕作措施的总称，主要包括浅耕灭茬、深松耕、耙地、耱地、镇压、开沟作畦等。其目的是创造良好的土壤耕层和被表面状态，协调水分、养分、空气、热量等因素，提高土壤肥力，为播种、生长、田间管理提供良好的条件。牧草播种前，需清除地表杂草、使用适量的有机肥和磷肥做底肥进行深松耕、平整地面、开沟作畦。在干旱少雨、气温偏低的北方地区，要平地起龚，以提高地温、改善通气和光照状况，便于排灌；在湿润多雨、气温较高的南方地区，要开沟作畦，以利于草地排水。

5. 播种的技术要点有哪些?

牧草的播种方式根据牧草种类、土壤条件、气候条件和栽培条件而定，可分为条播、撒播、带肥播种、犁沟播种、点播（穴播）、扦插播种等。播种时期则根据气温、土壤墒情、牧草作物生物学特性及利用目的，以及田间杂草发生规律和危害程度等因素来确定。在湿润或有灌溉条件的地方，苗期能耐频繁低温变化的冬性牧草（紫花苜蓿、白三叶、毛苕子等）在寒温带地区以早春至中春（3 月上旬至 4 月中旬）当日均温达到 0~5℃为宜，在暖温带地区以秋季播种为宜。不过由于豆科牧草幼苗不耐冬季低温，禾本科牧草不耐春夏干旱，所以豆科牧草适用于春播，禾本科牧草适于秋播。喜春的春性牧草（胡枝子、甜高粱、皇竹草、苏丹草、狼尾草等）以晚春（4 月下旬至 5 月上旬）当日均温达到 10~15℃时播种为宜。在干旱或半干旱地区旱作时，多年生牧草以夏季（6 月中下旬）播种为宜。

6. 田间管理的技术要点有哪些？

田间管理是指牧草生产中（播种至收获期间），根据各地自然条件和牧草生长发育特征所进行的各种管理措施的总称，其目的是为牧草的生长发育提供良好的环境条件。如间苗与定苗、中耕除草、追肥、灌溉排水、防治病虫草害等。

（1）间苗与定苗。是对高秆牧草所采取的一项措施，目的是通过去弱留壮的措施，达到控制田间密度，做到合理密植的“定苗”目的，以保证每棵植株都有足够的光合（地上）空间和营养（地下）空间，从而获得牧草的优质高产。否则，由于播种量远远大于合理密植所需苗数，使得田间密度过稠，植株不分弱壮都在利用有限的水肥资源，从而导致产量下降，品质变劣。如甜高粱、苏丹草、墨西哥玉米、皇竹草等牧草。

（2）中耕除草。是牧草苗期进行的一项作业，其目的是疏松土壤，增高地温，减少蒸发，灭除杂草。其主要方法是人工除草、机械除草、化学除草等。由于牧草苗期生长慢，持续时间长，极易受到杂草侵害，人工草地建植成败很大程度上取决于杂草防除的效果。

（3）追肥。是指在牧草生长中或刈割后加施的肥料，主要是为了供应牧草某个时期对养分的大量需求，或者补充基肥的不足。追肥的施用比较灵活，主要根据牧草种类、元素缺乏症，对症追肥。豆科牧草由于自身具有固氮能力，基本上能满足自身需要，所以在施肥中仅考虑磷、钾配比，但也不能忽视苗期根瘤菌未形成之前氮肥作为种肥的补给方式；禾本科牧草因没有固氮力，施肥中需要综合考虑氮、磷、钾的配比，尤其是氮肥的增产作用最为显著。

施肥效果主要取决于施肥时间，一是牧草生长发育期间对肥料最敏感的时期和最旺盛需要的时期，二是土壤供应肥料的能力有差额，施肥效果则最明显。一般牧草在分蘖期和拔节期对养分最敏感，在抽穗期和每次刈割后是生长旺盛期，也是对养分的最大效率期。追肥氮、磷、钾比例豆科牧草为0：1：（2~3）；对禾本科牧草为（4~5）：1：2，应注意在每年冬季和早春施用一定数量的有机肥，对长期稳定人工草地的高产有极其重要的作用。

（4）灌溉排水。在干旱和半干旱地区的人工草地设置灌溉系统，在湿润地区设置补充性灌溉系统，来弥补降水少对牧草生长所需水分的不足。充分利用水资源，以最少的水量获得最高的牧草产量就需要做到适时的合理灌溉。需要制定相应的灌溉系统、灌溉方法和灌溉定额。

灌溉系统有漫灌和喷灌两种基本方式，现代农业生产中大多以喷灌为主，以达到节约用水的效果。灌溉时间因牧草的生长发育特性、气候状况和土壤条件而定。一般情况下，牧草返青时期视土壤墒情注意灌溉，禾本科牧草从分蘖到开花，豆科牧草从孕蕾到开花，都需要大量的水分用于生长，因此这段时间是牧草灌溉最大效率期。此外，每次刈割后为促进再生，也得及时灌溉。

灌溉定额是指单位面积草地在生长期间各次灌溉水量的总和。一般情况下，牧草地每年每公顷的灌溉定额约为3 750m^3，而每次灌水量1 200m^3，平均2~4次或更多，是刈割次数的2倍。

（5）防治病虫草害。牧草在生长发育过程中，由于气候条件和草地状况的变化，如空气湿度增大，气温较高的情况下容易发生病虫害，草地植被稀疏的情况下容易发生杂草危害。一旦病虫草害泛滥，则防治需要投入大量的人力、物力和财力，因此，防治病虫草害，应以预防为主，尽量不要给其以滋生和蔓延的机会。如有发生，也尽量消灭在萌芽状态。防治病虫害的方法有很多，比如选择能抗当地病虫害的种或品种，在播种前对种子和土壤做好清选和消毒处理；或者通过轮作、间混套种及改良土壤和改进田间管理等措施，不断地改变环境，使病虫草害没有合适的生存环境和寄主载体；也可以利用其天敌控制虫害种群的数量，但防治病虫草害最有效的办法是化学防治。不过化学防治容易造成环境污染，对人畜的直接危害和二次污染都比较严重，因此应选择高效低毒、有选择性和药残期短的化学药品。

第四节　主要牧草适时收获及高效利用技术

1. 牧草适时收获要点有哪些？

牧草种植是以获得高生物产量和高营养价值为目的的生产活动。

牧草最佳收获时间的确定直接关系到牧草种植的经济效益。牧草最佳收获时间的确定，是需要考虑多种因素，如牧草种类、外界环境条件、越冬效果等因素。只有对以上各方面因素进行综合考虑，因地制宜才能确定最佳收获时间。

（1）牧草的种类。牧草在幼苗及营养生长初期，营养价值较高，但此时的生物产量较低；当牧草生物产量达到最高时，营养价值却不一定很高。在牧草的一个生长周期内，只有同时兼顾生物产量和营养价值，二者的综合价值达到最佳时，才是最适收获时间。牧草的种类不同，其生长发育规律也不尽相同，最适收获期也不相同。豆科牧草的最适收割期为现蕾盛期—始花期；禾本科牧草的最适收割期在孕穗初期，而用于调制干草或青贮用的禾本科牧草，则多在抽穗—开花期刈割。这样既可获得较高的生物产量，又可获得较高的营养价值。

（2）外界环境条件。对确定牧草的最适收获期是至关重要的，直接影响到能否按期收获、合理调制和安全贮藏，尤其是调制干草。如果在收割后至打捆前遇到雨淋，就会有叶片脱落，发黑变质，甚至霉变失去饲用价值。因此根据当地的气象变化规律和天气预报的结果来确定具体的牧草收割时间。降水对青贮作业也有很大的影响，一方面是增加了青贮原料的水分含量，装填入窖且压实后青贮原料汁液外溢，造成营养损失；另一方面是如果青贮窖进水，被水浸泡的青贮原料很难进行乳酸菌发酵，长期浸泡后会变质，失去饲喂价值。

（3）牧草的再生与越冬。对于可再生的一年生或多年生牧草，不同的收割时期，直接影响到牧草的再生速度和产量，一般认为从拔节期至结实期收割，有利于牧草的再生，而在苗期和结实后期收割，则不利于牧草的再生。此外，末茬草的收割时期对多年生牧草的越冬有直接的影响。试验证明，多年生牧草的末茬收割期应在早霜来临的一个月前，即收割以后，应保证牧草有一个月以上的生长期，以储备足够的营养物质安全越冬。

2. 常见牧草营养价值有哪些？

（1）豆科牧草。豆科牧草能通过根瘤菌进行生物固氮，又因其根系入土较深，能吸引土壤深层的磷、钙，因此豆科牧草含有丰富的蛋白质、钙和多种维生素。豆科牧草开花前粗蛋白质占干物质的15%以上，在100kg牧草中，可消化蛋白质达9~10kg。其鲜草含水量较高，草质柔嫩，大部分牧草适口性强。而调制成干草粉的豆科牧草因纤维素含量低，质地绵软，可代替部分豆粕和麦麸作精料饲用。

（2）禾本科牧草。含有丰富的营养物质，特别是富含糖类及其他碳水化合物，蛋白质和钙含量比豆科牧草低，若能适当施肥且合理利用，差异会缩小，可以满足家畜对各种营养的需求。禾本科牧草具有较强的耐牧性，经践踏仍不易受损，且再生性强。在调制干草时叶片不易脱落，由于含较多量的糖类，易于调制成品质优良的青贮料。

3. 常见牧草生物产量如何?

牧草生物产量是指某一时间单位面积草地上所产生的可饲用的牧草重量。在南方地区，肉牛养殖中常用牧草的生物产量都很高。如紫花苜蓿在南方生长期比较长，一年可刈割4~5次，每亩可产鲜草2 500~3 000kg。白三叶长在南方地区可刈割4~5次，每亩产鲜草3 000~4 000kg。一年黑麦草生长快，分蘖能力强、再生性好，在重庆地区可刈割4~5次，每亩鲜草产量是3 000~5 000kg。扁穗牛鞭草在重庆地区无枯草期，再生性好，全年可刈割5~6次，每亩可产鲜草10 000~15 000kg。皇竹草是喜温植物，在南方生长期长，生长速度快，可刈割多次，每亩可产鲜草10 000~15 000kg。

4. 常见牧草怎么利用?

（1）直接饲喂。牧草刈割后，直接或者用机械铡碎后饲喂畜禽。

（2）制作干草。干草调制的方法大致分为自然干燥和人工干燥两大类。

① 自然干燥法，不需要特殊设备，将收割后的牧草在原地或运到地势高燥的地方进行自然晾晒或放在架子上晾晒，是我国采用的主要干燥方法。与人工干燥法相比，自然干燥法效率较低、劳动强度大、制作的干草质量差、成本低，自然干燥的方式主要是地面干燥、草架干燥和发酵干燥3种。

② 人工干燥法，近30多年发展迅速，草地畜牧业发达国家如美

国和加拿大在紫花苜蓿和狗牙根的干草调制过程中常用人工干燥法。人工干燥可减少牧草自然干燥过程中营养物质的损失，使牧草保持较高的营养价值。

③ 其他加速干燥的方法。

除人工干燥法可加速牧草的干燥速度外，压裂草茎和施入干燥剂都可加速牧草的干燥，降低牧草干燥过程中营养物质的损失。

(3) 青贮。就是青饲料或秸秆铡短后装入青贮窖内使之在与空气隔绝的条件下，经乳酸菌发酵，产生有机酸，制成能长期保存的饲料。这种青贮饲料能长期保存青饲料的原有浆汁和养分，气味芳香，质地柔软，适口性强，采食量高，容易消化，各种营养物质的吸收率比干饲料高。

(4) 制作草粉。干草粉属于可连续使用而又是季节性生产的产品，贮存时间长。原料主要是豆科牧草及其与禾本科牧草组成的混合牧草。特点：一是营养成分齐全且品质高，含有营养价值完善的蛋白质和丰富的胡萝卜素、黄色素、维生素 E 和维生素 K，可作为维生素、蛋白质补充饲料使用；而且压制成颗粒或块状后容易保存，便于运输，商品性强。工艺过程是将铡草机切碎的青草（长约 2. 5cm）快速通过高温干燥机，再由粉碎机粉碎成草粉，或直接压制成干草块。采用高温快速干燥法调制的干草粉，可保存幼嫩青草和青绿饲料养分的 90%~95%。

第五节　肉牛养殖草畜配套技术

1. 如何构建养殖场草畜配套体系?

肉牛养殖草畜配套是指养殖企业（场）饲养肉牛的数量和养殖模式要与牧草种植面积、种植模式、牧草收获加工和贮藏相配套。简而言之就是有多少饲草料就养多少肉牛，以草定畜。草畜配套是发展现代化肉牛养殖的前提，是肉牛规模化养殖必须解决的首要问题。

牧草是发展肉牛养殖业的物质基础，是维持肉牛生命及正常生长发育的主要饲料，决定着肉牛养殖业的发展规模、速度和效益。优质牧草则是肉牛养殖的良好饲料，是肉牛养殖较高经济效益的前提。肉牛饲用的优质牧草应该具备以下特性：适口性好，肉牛饲用后具有较高的采食量和消化率，能量和蛋白质等养分含量较高，而单宁酸、硝酸盐、生物碱、氢基胍、激素等牧草抗营养因子含量低，家畜饲用牧草后表现良好，具有较高的生长性能和较强的抗病性等。由于肉牛体型大，中等体型的肉牛每天需要 30～50kg 的优质牧草或青干草、青贮饲料，规模化肉牛养殖场所需优质牧草的供给相当困难。特别是我国南方的肉牛养殖业，由于地形问题，牧草种植的机械化程度低，存在冬春季节牧草紧缺的状况，仅仅依靠营养价值较低的农副秸秆越冬，肉牛表现出“夏活、秋肥、冬瘦、春死”的规律。因此必须采用科学、合理的牧草种植模式和生产加工模式才能保证饲料的四季均衡供应。

草畜配套体系的建设必须根据不同地理气候特征、饲草供应能力、养殖规模选择合理的肉牛育肥模式。在我国南方，常见的肉牛育肥方式主要是全舍饲、半舍饲+放牧补饲和全放牧。在肉牛育肥养殖中需要饲喂大量的粗饲料，育肥前期日粮中粗饲料应占 55%～65%，育肥中期应占 45%，育肥后期应占 15%～25%。因此，肉牛-牧草之间相配套达到草畜平衡就显得尤为重要。

2. 是否有肉牛生产草畜配套实例?

随着农业农村部对草食家畜养殖业的鼓励发展和大力支持，畜禽养殖业的结构转型升级，重庆地区已建成了多个具有代表性的草畜配套肉牛养殖企业，养殖效益明显。

① 重庆荣豪农业发展有限公司（合川区）现存栏肉牛 700 余头，养殖育肥方法采用全舍饲方式。种植优质牧草 1 300余亩，牧草种类是甜高粱、青贮玉米和多花黑麦草，采取甜高粱/青贮玉米+多花黑麦草轮作的种植模式。夏秋季节刈割甜高粱鲜草饲喂肉牛，同时把多余的甜高粱和青贮玉米进行青贮保存，冬季则种植多花黑麦草。公司采用机械化人工种草+青贮饲草+糟渣结合的方式为肉牛提供足够的饲草，以达到草畜配套。

② 城口县远辉农业发展有限公司现存栏肉牛 140 余头，养殖育

肥方法采用舍饲（育肥牛）+放牧（母牛、小牛）方式。人工种植优质牧草500余亩，改良天然草地600亩，种植牧草种类是紫花苜蓿、白三叶和多年生黑麦草，多采取刈割青饲，改良草地多采取放牧方式。秋季会收购玉米秸秆进行青贮，以解决冬春季节饲草问题。公司采取人工种草+青贮饲草+糟渣结合的方式为肉牛提供足够的饲草，以达到草畜配套。

③ 云阳县高阳镇陈建国肉牛养殖场现存栏肉牛350余头，养殖育肥方法采用舍饲（育肥牛）+放牧（母牛、小牛）方式。人工种植优质牧草450余亩，人工种植牧草种类是甜高粱、皇竹草和青贮玉米，夏秋季节多采取刈割甜高粱、皇竹草鲜草饲喂肉牛，秋季会收获甜高粱、皇竹草和玉米秸秆进行青贮，以解决冬春季节饲草问题。公司采取人工种草+青贮饲草+糟渣结合的方式为肉牛提供足够的饲草，以达到草畜配套。

④ 忠县金博头牛养殖专业合作社现存栏肉牛150头，养殖育肥方法采用全舍饲方式。种植优质牧草200亩，其中甜高粱120亩，青贮玉米80亩。夏秋季节多采取刈割甜高粱鲜草饲喂肉牛，秋季会收获甜高粱、玉米秸秆进行青贮，以解决冬春季节饲草问题。公司采取人工种草+青贮饲草+糟渣结合的方式为肉牛提供足够的饲草，以达到草畜配套。

第五章　饲料加工与配制

第一节　常用饲料的加工及营养价值

饲料的营养价值，不仅决定于饲料本身，而且还受饲料加工调制的影响。科学的加工调制不仅可以改善适口性，提高采食量、营养价值及饲料利用率，并且是提高养牛经济效益的有效技术手段。

1. 什么是青绿饲料及其有哪些？

青绿饲料指天然水分含量60%以上的青绿多汁植物性饲料。一般有以下特点：粗蛋白质较丰富，品质优良，其中非蛋白氮大部分是游离氨基酸和酰氨。对牛的生长、繁殖和泌乳有良好的作用。干物质中无氮浸出物含量为40%~50%，粗纤维不超过30%。青绿饲料含有丰富的维生素，特别是维生素A原。矿物质中钙、磷含量丰富，比例适当，尤其是豆科牧草，还富含铁、锰、锌、铜、硒等必需的微量元素。青绿饲料易消化，牛对青绿饲料有机物质的消化率可达75%~85%，还具有轻泻、保健作用。青绿饲料干物质含量低，能量含量也低，应注意与能量饲料、蛋白质饲料配合使用，青饲补饲量不要超过日粮干物质的20%。常见的青绿饲料有以下种类。

天然牧草：野草

栽培牧草：主要有苜蓿、三叶草、皇竹草、甜高粱、黑麦草、苏丹草、青饲玉米等

树叶类饲料：桑、构树等的树叶

叶菜类饲料：苦荬菜、聚合草、甘蓝等

水生饲料：水浮莲、水葫芦、水花牛、绿萍等

铡短和切碎是青绿饲料最简单的加工方法，不仅可便于牛咀嚼、吞咽，还能减少饲料的浪费。一般青饲料可以铡成3cm长的短草。

2. 什么是粗饲料及其包括哪些？

干物质中粗纤维含量在18%以上的饲料均属粗饲料，包括青干草、秸秆及秕壳等。

（1）干草。是青绿饲料在尚未结籽以前刈割，经过日晒或人工干燥而制成的，较好地保留了青绿饲料的养分和绿色，是牛的重要饲料。优质干草叶多，适口性好，蛋白质含量较高，胡萝卜素、维生素D、维生素E及矿物质丰富。不同种类的牧草质量不同，粗蛋白质含量禾本科干草为7%~13%，豆科干草为10%~21%，粗纤维含量为20%~30%，所含能量为玉米的30%~50%。

调制干草的牧草应适时收割，刈割时间过早水分多，不易晒干；过晚营养价值降低。禾本科牧草以抽穗到扬花期，豆科牧草以现蕾期到开花始期即有1/10开花时收割为最佳。青干草的制作应干燥时间短，均匀一致，减少营养物质损失。另外，在干燥过程中尽可能减少机械损失、雨淋等。

（2）秸秆。农作物收获籽实后的茎秆、叶片等统称为秸秆。秸秆中粗纤维含量高，可达30%~45%，其中木质素多，一般为6%~12%。能量和蛋白质含量低，单独饲喂秸秆时，难以满足牛对能量和蛋白质的需要。秸秆中无氮浸出物含量低，缺乏一些必需的微量元素，并且利用率很低，除维生素D外，其他维生素也很缺乏。

（3）秕壳。指籽实脱离时分离出的荚皮、外皮等。营养价值略高于同一作物的秸秆，但稻壳和花生壳质量较差。

3. 如何加工调制低质秸秆饲料？

该类粗饲料营养价值很低，但在我国资源丰富，如果采取适当的加工处理，如氨化、碱化及生物处理等，能提高牛对秸秆的消化利用率。

（1）氨化处理。氨化处理使秸秆质地变软，气味糊香，适口性

大大增强，消化率提高。尿素配置比例：饲料：水：尿素=100：(30~40)：(3.5~4.5)；氨化处理适用于清洁未霉变的秸秆饲料，一般在氨化前先铡短至2~3cm；氨化处理有用液氨处理堆贮法和用氨水处理及尿素处理的窖贮法、小垛处理法；氨化的时间根据气温和感官确定，一般1个月左右；饲喂时一般经2~5d自然通风将氨味放掉才能饲喂，如暂时不喂可不必开封放氨。

(2) 秸秆饲料添加微生物处理技术。就是在农作物秸秆中，加入微生物高效活性菌种（如乳酸菌类或真菌类）与可溶性碳水化合物、食盐混合物，放入密封的容器（如水泥池、土窖）中贮藏，经一定的发酵过程，使农作物秸秆变软，有酸味。

4. 怎样制作青贮饲料？

青贮饲料是牛的理想粗饲料，已成为日粮中不可缺少的部分。

(1) 常用的青贮原料。

① 青刈带穗玉米。玉米带穗青贮，即在玉米乳熟后期收割，将茎叶与玉米穗整株切碎进行青贮，这样可以最大限度地保存蛋白质、碳水化合物和维生素，具有较高的营养价值和良好的适口性，是牛的优质饲料。玉米带穗青贮其干物质中含粗蛋白8.4%，碳水化合物12.7%。

② 青玉米秸。收获果穗后的玉米秸上能保留1/2的绿色叶片，应尽快青贮，不应长期放置。若部分秸秆发黄，3/4的叶片干枯视为青黄秸，青贮时每100kg需加水5~15kg。

③ 各种青草。各种禾本科青草所含的水分与糖分均适宜于调制青贮饲料。豆科牧草如苜蓿因含粗蛋白量高，可制成半干青贮或混合青贮。禾本科草类在抽穗期，豆科草类在孕蕾及初花期刈割为好。

④ 甘薯蔓、白菜叶、萝卜叶亦可作为青贮原料，应将原料适当晾晒到含水60%~70%，然后青贮。

(2) 青贮原料的切短长度。细茎牧草以7~8cm为宜，而玉米等较粗的作物秸秆最好不要超过1cm，国外要求0.7~0.8cm。

(3) 青贮容器类型。

青贮窖青贮　如是土窖，四壁和底衬上塑料薄膜（永久性窖可不铺衬)。先在窖底铺一层10cm厚的干草，以便吸收青贮液汁，然后把铡短的原料逐层装入压实。最后一层应高出窖口0.5~1m，用塑料薄膜覆盖，然后用土封严，四周挖好排水沟。封顶后2~3d，在下陷处填土，使其紧实隆凸。

塑料袋青贮　青贮原料切得很短，喷入（或装入）塑料，逐层压实，排尽空气并压紧后扎口即可，尤其注意四角要压紧。

(4) 特殊青贮饲料的制作。

① 低水分青贮。亦称半干青贮，其干物质含量比一般青贮饲料高1倍多，无酸味或微酸，适口性好，色深绿，养分损失少。制作低水分青贮时，青饲料原料应迅速风干，在低水分状态下装窖、压实、封严。

② 混合青贮。常用于豆科牧草与禾本科牧草混合青贮以及含水量较高的牧草与作物秸秆进行的混合青贮。豆科牧草与禾本科牧草混合青贮时的比例以1∶1.3为宜。

③ 添加剂青贮。是在青贮时加进一些添加剂来影响青贮的发酵作用，如添加各种可溶性碳水化合物、接种乳酸菌、加入酶制剂等可促进乳酸发酵；加入各种酸类、抑菌剂等可抑制腐生菌的生长；加入尿素、氨化物等可提高青贮饲料的养分含量。

④ 酸贮玉米秸秆。

(5) 青贮质量简易评定。

青贮饲料质量评定标准表

等级	良好	中等	低劣
色	黄绿色，绿色	黄褐色，墨绿色	黑色，褐色
味	酸味较多	酸味中等或少	酸味很少
嗅	芳香味，曲香味	芳香稍有酒精味或醋酸味	臭味
质地手感	柔软，稍湿润	柔软稍干或水分稍多	干燥松散或黏结成块

(6) 青贮饲料的饲喂技术。一般青贮在制作45d后即可开始取用。牛对青贮饲料有一个适应过程，用量应由少逐渐增加，日喂量15~25kg。禁用霉烂变质的青贮料喂牛。

5. 什么是糟渣类饲料?

酿造、淀粉及豆制品加工行业的副产品。水分含量高，可达70%~90%，干物质中蛋白质含量为25%~33%，B族维生素丰富，还含有维生素B_{12}及一些有利于动物生长的未知生长因子。

(1) 啤酒糟。鲜糟中含水分75%以上，干糟中蛋白质为20%~25%，体积大，纤维含量高。鲜糟日用量不超过10~15kg，干糟不超过精料的30%为宜。

(2) 白酒糟。因制酒原料不同，营养价值各异，蛋白质含量一般为16%~25%，是肥育肉牛的好原料，鲜糟日喂量15kg左右。酒糟中含有一些残留的酒精，对妊娠母牛不宜多喂。

(3) 豆腐渣、酱油渣及粉渣。多为豆科籽实类加工副产品，干物质中粗蛋白质含量在20%以上，粗纤维较高。维生素缺乏，消化率也较低。由于水分含量高，一般不宜存放过久。

6. 什么是多汁类饲料?

包括直根类、块根、块茎类（不包括薯类）和瓜类。其主要特点是：含水量高，为70%~95%，松脆多汁，适口性好，容易消化，有机物消化率高达85%~90%。多汁饲料干物质中主要是无氮浸出物，粗纤维仅含3%~10%，粗蛋白质含量只有1%~2%，利用率高。钙、磷、钠含量少，钾含量丰富。维生素含量因饲料种类差别很大。胡萝卜、南瓜中含胡萝卜素丰富，甜菜中维生素C含量高，缺乏维生素D。只能作为牛的副料，可以提高牛的食欲，促进泌乳，提高肉牛的肥育效果，维持牛的正常生长发育和繁殖。多汁类饲料适宜切碎生喂，或制成青贮料，也可晒干备用（但胡萝卜素损失较多）。

7. 什么是蛋白质饲料?

干物质中粗纤维含量在18%以下，粗蛋白质含量为20%及20%以上的饲料。牛禁止使用动物性饲料，主要是植物性蛋白质饲料、单细胞蛋白质饲料和非蛋白氮饲料。

(1) 植物性蛋白质饲料。主要包括豆科籽实、饼粕类及其他加工副产品。

（2）单细胞蛋白质饲料。主要包括酵母、真菌及藻类。以酵母最具有代表性，其粗蛋白质含量为40%~50%，生物学价值较高，含有丰富的B族维生素。牛日粮中可添加1%~2%，用量一般不超过10%。

（3）非蛋白氮饲料。非蛋白氮可被瘤胃微生物合成菌体蛋白，被牛利用。常用的非蛋白氮主要是尿素，含氮46%左右，相当于粗蛋白288%，使用不当会引起中毒。用量一般与富含淀粉的精料混匀饲喂，喂后1h再饮水。6月龄以上的牛日粮中才能使用尿素。

（4）蛋白质饲料的加工。对于牛来说蛋白质饲料加工主要是蛋白质的过瘤胃保护技术。

① 瘤胃保护处理如甲醛处理。甲醛可与蛋白质分子的氨基、羟基、巯基发生烷基化反应而使其变性，免于被瘤胃微生物降解。

② 锌处理。锌盐可以沉淀部分蛋白质，从而降低饲料蛋白质在瘤胃中的降解。

③ 加热处理。干热、热喷、焙炒和蒸气加热等都可明显降低蛋白质饲料在瘤胃的降解率。

8. 什么是能量饲料?

指干物质中粗纤维含量在18%以下，粗蛋白质含量在20%以下的饲料，是牛能量的主要来源。主要包括谷实类及其加工副产品（糠麸类）、块根、块茎类及其他。

（1）谷实类饲料。主要包括玉米、小麦、大麦、高粱、燕麦、稻谷等。其主要特点是：无氮浸出物含量高，一般占干物质的66%~80%，其中主要是淀粉；粗纤维一般在10%以下，适口性好，可利用能量高；粗脂肪含量在3.5%左右；粗蛋白质一般在7%~10%，而且缺乏赖氨酸、蛋氨酸、色氨酸；钙及维生素A、维生素D含量不能满足牛的需要，钙低磷高，钙、磷比例不当。

（2）糠麸类饲料。为谷实类饲料的加工副产品，主要包括麸皮和稻糠以及其他糠麸。其特点是除无氮浸出物含量（40%~62%）较少外，其他各种养分含量均较其原料高。有效能值低，含钙少而磷多，含有丰富的 B 族维生素，胡萝卜素及维生素 E 含量较少。

（3）块根、块茎饲料。种类很多，主要包括甘薯、马铃薯、木薯等。按干物质中的营养价值来考虑，属于能量饲料。

（4）过瘤胃保护脂肪。许多研究表明，直接添加大量的油脂（日粮粗脂肪超过 9%）对反刍动物效果不好，油脂在瘤胃中影响微生物对纤维的消化，所以添加的油脂采取某种方法应保护起来，形成过瘤胃保护脂肪。最常见的产品有氢化棕榈脂肪和脂肪酸钙盐，不仅能提高牛生产性能，而且能改善奶产品质量和牛肉品质。

9. 什么是矿物质饲料？

矿物质饲料一般指为牛提供食盐、钙源、磷源的饲料。

食盐的主要成分是氯化钠，用其补充植物性饲料中钠和氯的不足，还可以提高饲料的适口性，增加食欲。牛喂量为精料的 1%～2%。

石粉和贝壳粉是廉价的钙源，含钙量分别为 38% 和 33% 左右，是补充钙营养最廉价的矿物质饲料。

磷酸氢钙的磷含量 18% 以上，含钙不低于 23%；磷酸二氢钙含磷 21%，钙 20%；磷酸钙（磷酸三钙）含磷 20%，钙 39%，均为常用的无机磷源饲料。

10. 什么是饲料添加剂？

饲料添加剂的作用是完善饲料的营养性，提高饲料的利用率，促进牛的生产性能和预防疾病，减少饲料在贮存期间的营养损失，改善产品品质。

（1）氨基酸添加剂。除犊牛外一般不需额外添加，但对于高产奶牛添加过瘤胃保护氨基酸，可提高产奶量。

（2）微量元素添加剂。主要是补充饲粮中微量元素的不足。对于牛一般需要补充铁、铜、锌、锰、钴、碘、硒等微量元素，需按需要量制成微量元素预混剂后方可使用。

（3）维生素添加剂。牛体内的微生物可以合成维生素 K 和 B 族维生素，肝、肾中可合成维生素 C。需考虑添加牛体内不能合成的维生素 A、维生素 D、维生素 K。

（4）瘤胃发酵缓冲剂。碳酸氢钠可调节瘤胃酸碱度，碳酸氢钠添加量占精料混合料的 1.5%。氧化镁也有类似效果，两者同时使用效果更好，用量为占精料混合料的 0.8%。

第二节 肉牛营养需要及日粮营养要求

1. 肉牛的营养需要有哪些?

（1）能量需要。

① 生长肥育牛的能量需要。

维持需要 我国肉牛饲养标准（2000）推荐的计算公式为：$NEm\ (kJ) = 322W^{0.75}$。此数值适合于中立温度、舍饲、有轻微活动和无应激环境条件下使用，当气温低于 12℃时，每降低 1℃，维持能量消耗需增加 1%。

增重需要 肉牛的能量沉积就是增重净能，其计算公式（Van Es，1978）如下：

$$增重净能\ (kJ) = [\Delta W \times (2092 + 25.1W)] / (1 - 0.3\Delta W)$$

式中：ΔW 为日增重（kg）；W 为体重（kg）。

② 妊娠母牛的能量需要。

在维持净能需要的基础上，不同妊娠天数每千克胎儿增重的维持净能为：$NEm\ (MJ) = 0.19769t - 11.76122$，式中：t 为妊娠天数。不同妊娠天数不同体重母牛的胎儿日增重（kg）＝（$0.00879t - 0.85454$）×（$0.1439 + 0.0003558W$）。由上述两式可计算出不同体重母牛妊娠后期各月胎儿增重的维持净能需要，再加母牛维持净能需要（MJ）（$0.322W^{0.75}$），即为总的维持净能需要。

③ 哺乳母牛能量需要。

泌乳的净能需要按每千克 4%乳脂率的标准乳含 3.138MJ 计算；维持能量需要（MJ）＝$0.322W^{0.75}$。

（2）蛋白质需要。

① 生长肥育牛的粗蛋白质需要量。

维持的粗蛋白质需要（g）= $5.5W^{0.75}$。增重的粗蛋白需要（g）= ΔW（$168.07-0.16869W+0.0001633W^2$）×（$1.12-0.1233\Delta W$）/0.34，式中：$\Delta W$ 为日增重。

② 妊娠后期母牛的粗蛋白质需要。

维持的粗蛋白质需要（g）= $4.65W^{0.75}$，妊娠 6~9 个月时，在维持基础上增加粗蛋白质供给量，6 个月时每天增加 77g，7 个月时 145g，8 个月时 255g，9 个月时 403g。

③ 哺乳母牛的粗蛋白质需要。

维持的粗蛋白质需要（g）= $4.65W^{0.75}$，生产需要按每千克 4% 乳脂率标准乳需粗蛋白质 85g 计算。

（3）矿物质需要。

① 钙、磷需要。

肉牛的钙需要量（g/d）=［0.0154×W+0.071×日增重的蛋白质（g）+1.23×日产奶量（kg）+0.0137×日胎儿生长（g）］/0.5。

肉牛的磷需要量（g/d）=［0.0280×W+0.039×日增重的蛋白质（g）+0.95×日产奶量（kg）+0.0076×日胎儿生长（g）］/0.85。

② 食盐。肉牛的食盐给量应占日粮干物质的 0.3%。牛饲喂青贮饲料时，需食盐量比饲喂干草时多；喂高粗料日粮时要比喂高精料日粮时多；喂青绿多汁饲料时要比喂枯老青饲料时多。

（4）维生素需要。

① 维生素 A（或胡萝卜素）。肉用牛维生素 A 需要量（数量/kg 饲料干物质）：生长肥育牛 2 200IU（或 5.5mg 胡萝卜素）；妊娠母牛为 2 800IU（或 7.0mg 胡萝卜素）；泌乳母牛为 3 800IU（或 9.75mg 胡萝卜素）。

② 维生素 D。肉牛的维生素 D 需要量为每千克饲料干物质 275IU。犊牛、生长牛和成年母牛每 100kg 体重需 660IU 维生素 D。

③ 维生素 E。正常饲料中不缺乏维生素 E。犊牛日粮中需要量为每千克干物质含 25IU，成年牛为 15~16IU。

（5）干物质进食量。干物质进食量受体重、增重水平、饲料能量浓度、日粮类型、饲料加工、饲养方式和气候等因素的影响。根据国内饲养试验结果，参考计算公式如下：

生长肥育牛干物质进食量（kg）= $0.062W^{0.75}$ +（1.5296 + 0.00371×W）×ΔW，式中：ΔW 为日增重（kg）。

妊娠后期母牛干物质进食量（kg）= $0.062W^{0.75}$ +（0.790 + 0.005587×t），式中：t 为妊娠天数。

2. 肉牛补饲和肥育典型日粮配方要求是什么？

（1）肉牛补饲。要使肉牛在生产实际中获得最佳生产性能、高档牛肉和最高利润，只靠粗饲料是不可能的，必须对肉牛进行补饲，肉牛的日粮配合应遵循以下原则。① 适宜的饲养标准并在实际生产中应根据实际饲养情况做必要的调整。② 适当的精粗比例，根据牛的消化生理特点，适宜的粗饲料对肉牛健康十分必要，以干物质为基础，日粮中粗饲料比例一般在 40%～60%，强度肥育期精料可高达 70%～80%。③ 充分利用当地饲料资源，饲料种类应多样化，饲料应新鲜、无污染，对畜产品质量无影响。④ 日粮应有一定的体积和干物质含量，所用的日粮数量要使牛吃得下、吃得饱并且能满足营养需要。

（2）肉牛肥育典型日粮配方营养要求。

① 持续肥育日粮要求。

强度肥育，周岁左右出栏。选择良种牛或其改良牛，在犊牛阶段采取较合理的饲养，使日增重达 0.8～0.9kg，180 日龄体重超过 200kg 后，按日增重大于 1.2kg 配制日粮，12 月龄体重达 450kg 左右，上等膘时出栏。18 月龄出栏杂交肉牛 7 月龄体重 150kg 开始肥育至 18 月龄出栏，体重达到 500kg 以上，平均日增重 1kg。

② 架子牛肥育日粮要求。

青贮玉米秸类型日粮典型配方营养要求肥育全程采取日粮精料高比例玉米，精料中可占 70% 以上，精料营养水平达到肉牛能量单位 0.8，粗蛋白质 110g，钙 7g，磷 4.5g。日粮中注意补充小苏打等瘤胃缓冲剂。

干玉米秸类型日粮配方农区有大量的作物秸秆，是廉价的饲料资源。但秸秆的粗蛋白质、矿物质、维生素含量低。对干玉米秸类型日粮进行合理营养调控，可改善饲料养分利用率。肥育全程采取日粮精料高比例玉米，精料中可占75%以上，精料营养水平达到肉牛能量单位0.85，粗蛋白质110g，钙7g，磷4.5g。日粮中注意补充小苏打等瘤胃缓冲剂及微量元素预混料。

3. 如何配制肉牛日粮？

举例介绍肉牛日粮配制计算方法。为平均体重400kg的育肥牛设计一个饲料配方，要求日增重1.0kg，选用的饲料有青贮玉米、玉米粉、棉籽饼、麸皮、野干草、石粉、食盐等。

第一步，从NY/T 815—2004《肉牛饲养标准》查到400kg育肥牛日增重1.0kg的营养需要标准，根据牛场现有和常用饲料选择原料，查到所选用原料的营养成分。

营养需要标准

体重（kg）	日增重（kg）	干物质（kg）	综合净能（MJ）	肉牛能量单位（RND）	粗蛋白质（g）	钙（g）	磷（g）
400	1.0	8.56	50.63	6.27	866	33	20

选用饲料的营养成分（kg^{-1}）

原料名称	饲料中干物质（96）	干物质基础				
	物质（%）	肉牛能量单位（RND）	综合净能（MJ）	粗蛋白（g）	钙（g）	磷（g）
青贮玉米	25.0	0.3	2.44	56	4	0.8
玉米	88.4	1.13	9.12	97	0.9	2.4
棉籽饼	89.6	0.92	7.39	363	3	9
野干草	87.9	0.5	4.03	106	3.8	0
麸皮	88.6	0.82	6.61	163	2	8.8
磷酸氢钙	99.8	—	—	—	218.5	186.4
石粉	99.1	—	—	—	325.4	—

第二步，根据牛的采食量大小、饲料特性及饲喂经验确定每头牛

每天需要的青、粗饲料的饲喂量，并计算出青、粗饲料提供的养分量；并与营养需要标准相比较，计算出不足的营养成分量。

青粗饲料的喂量及其养分量

原料	饲喂量（kg）	折合干物质（kg）	综合净能（MJ）	肉牛能量单位（RND）	粗蛋白（g）	钙（g）	磷（g）
玉米秸秆青贮	8	2.00	4.88	0.60	112	8.0	1.6
野干草	2.5	2.20	8.87	1.10	233	9.5	0
合计		4.20	13.75	1.70	345	17.5	1.60
营养需要标准		8.56	50.63	6.27	866	33	20
与标准比较（差额）		-4.36	-36.88	-4.57	-521	-15.5	-18.4

第三步，下表中不足的主要营养成分需要添加精饲料来补充，用试差法来调整精饲料的种类和用量。

精饲料的补充量及其养分量

原料	饲喂量（kg）	折合干物质（kg）	综合净能（MJ）	肉牛能量单位（RND）	粗蛋白（g）	钙（g）	磷（g）
玉米	3.5	3.09	28.18	3.49	300.	2.8	7.4
棉籽饼	0.5	0.45	3.32	0.41	163	1.4	4.1
麸皮	1	0.89	5.88	0.73	145	1.8	7.8
精饲料补充量		4.43	37.38	4.63	608	6.0	19.3
差额		4.36	36.89	4.57	521	15.5	18.40
差额平衡		0.07	0.49	0.06	87	-9.5	0.9

第四步，补充矿物质饲料。

与饲养标准比较，上述饲料供给量除钙外都能满足牛每天的营养需要，钙需要另外补充，一般石粉补充钙比较实惠。计算石粉需要量 9.5÷32.54%÷99.1%=29.5g，即每天应补充石粉 29.5g。另外，参照饲养标准，每天另外需要补充 50g 食盐和 50g 添加剂。

第五步，整理配方。

综合以上计算结果，整理出一头 400kg 重的肉牛每日饲料用量。

每头每日饲料饲喂量

原料	用量（kg）
青贮玉米秸秆	8
野干草	2. 5
玉米	3. 5
棉籽饼	0. 5
麸皮	1
石粉	0. 03
食盐	0. 05
添加剂	0. 05
合计	15. 58

第六步，计算精料补充料配方。

根据每天的饲喂量，计算出精料补充料配方。

精料补充料配比

原料	用量（kg）	比例（%）
玉米	3. 5	68. 85
棉籽饼	0. 5	9. 84
麸皮	1	19. 67
石粉	0. 033	0. 66
食盐	0. 05	0. 98
添加剂	0. 05	0. 98
合计	5. 08	100

第六章　肉牛饲养管理

第一节　牛的消化系统特点

1. 牛有几个胃?

牛有 4 个胃，即：瘤胃、网胃、瓣胃、皱胃。

2. 你知道牛胃的结构吗?

牛胃的结构见下图。

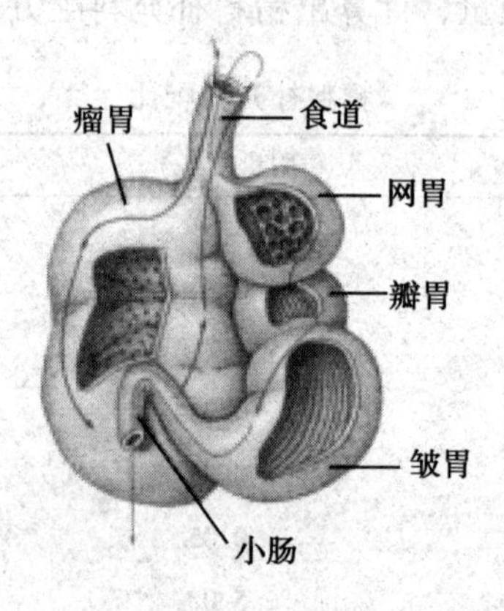

牛胃的结构

3. 饲料进行食道后是如何走向?

饲料按瘤胃、网胃、瓣胃、皱胃顺序流经这4个胃室，其中一部分在进入瓣胃前返回到口腔内再咀嚼。这4个胃室并非连成一条直线，而是相互交错存在。

4. 犊牛瘤胃分几个发育阶段?

(1) 液体饲喂期(0~2周)。主要采食牛奶、代乳料和开食料。

(2) 过渡期(3周至断奶)。主要采食开食料、牛奶或代乳料，一旦采食干的谷物饲料，即开始瘤胃发酵，产生挥发性脂肪酸(VFA)。

(3) 反刍期(断奶以后)。主要依靠瘤胃微生物的发酵活动提供能量和蛋白。

5. 不同饲料对犊牛瘤胃的发育有什么影响?

如图，不同周龄，以牛奶、开食料和干草饲喂犊牛，其瘤胃的乳突生长状态差异以及颜色差异。饲喂牛奶干草日粮的瘤胃乳突生长很差，缺少正常饲养所具有的深色；饲喂牛奶谷物日粮的瘤胃乳突生长发育良好，具备正常饲养所具有的健康的深色。

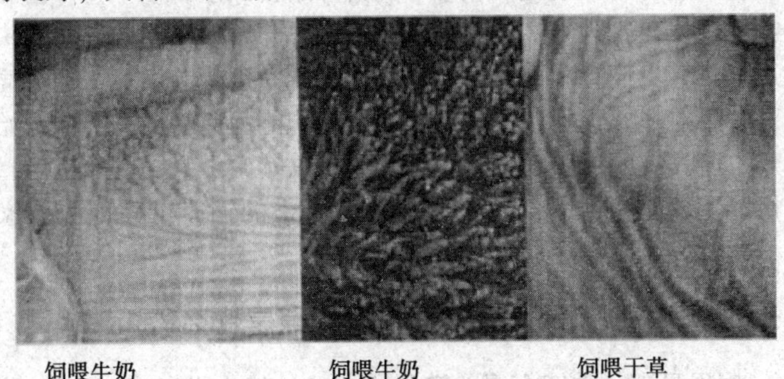

饲喂牛奶　　饲喂牛奶及开食料　　饲喂干草

不同饲料对瘤胃壁的作用

6. 不同周龄各个胃有什么变化?

不同周龄各个胃变化

周龄	瘤网胃		瓣胃		皱胃	
	质量（g）	占全胃（%）	质量（g）	占全胃（%）	质量（g）	占全胃（%）
出生	95	35	40	14	140	51
2	180	40	65	15	200	45
4	335	55	70	11	210	34
8	770	65	160	14	250	24
12	1 150	66	265	15	330	19
17	2 040	68	550	18	425	14
成年	4 540	62	1 800	24	1 030	14

7. 犊牛的消化特点是什么?

犊牛出生时前三个胃体积很小，基本不具备消化功能，犊牛在吮吸时反射性引起食管沟闭合，形成管状结构，牛奶经过食管沟和瓣胃管直接进入皱胃而被消化。犊牛 3 周龄开始尝试咀嚼干草、谷物和青贮料，出现反刍行为。瘤胃内的微生物区系开始形成，内壁的乳头状突起逐渐发育，瘤胃和网胃开始增大。由于微生物的发酵，促进瘤胃发育，犊牛对非奶饲料包括各种粗料的消化能力逐渐加强，才开始具备成年牛所具有的反刍动物消化功能。所以犊牛出生 3 周龄以内，其消化机能主要是由皱胃行使的，此阶段犊牛的饲养与其他单胃家畜相似。

8. 成年牛每个胃的功能及消化特点是什么?

① 瘤胃最大，占四个胃总容积的 80%。其功能有：A. 暂时贮存饲料，牛采食时把大量饲料贮存在瘤胃内，休息时将大的饲料颗粒反刍入口腔内，慢慢嚼碎，嚼碎后的饲料迅速通过瘤胃，为再吃饲料提供空间。B. 瘤胃内有大量微生物生长繁殖，很大一部分饲料在此

消化。

② 网胃占四个胃总容积的5%，其功能如同筛子，将随饲料吃进去的重物如钉子、铁丝等存留其中。

③ 瓣胃占四个胃总容积的7%，其功能主要是吸收饲料内的水分，挤压磨碎饲料。

④ 皱胃又称真胃，占四个胃总容积的8%，其作用与单胃动物的胃相同，可分泌消化液，使食糜变湿。皱胃分泌的消化液含有消化酶，能消化部分蛋白质，基本上不消化脂肪、纤维素或淀粉。饲料离开皱胃时呈水状，然后到达小肠，进一步消化。未消化的物质经大肠排出体外。

第二节　犊牛的护理

1. 新生犊牛有什么特点?

① 免疫能力差；

② 调节体温能力弱；

③ 犊牛的组织器官尚未充分发育，消化道黏膜容易被细菌侵袭；

④ 皮肤保护机能差；

⑤ 神经系统反应不灵敏；

⑥ 瘤胃容积小，无淀粉（3周内不反刍），抵抗力低，抗病差，对外界环境适应能力弱。

2. 初生犊牛的适宜温度是多少?

初生犊牛的适宜温度是15~25℃。

3. 如何接生新生犊牛?

母牛分娩时，要有专人负责犊牛的安全接生。胎位正常时尽量让犊牛自然产出，遇到难产时要及时助产。

4. 犊牛产出后，首先应该做什么？如何护理新生犊牛？

① 及时清除口腔、鼻腔及耳周围的黏液；
② 断脐带和脐带消毒；
③ 擦干被毛；
④ 去软蹄；
⑤ 编号、称重、记录；
⑥ 提早哺喂初乳。

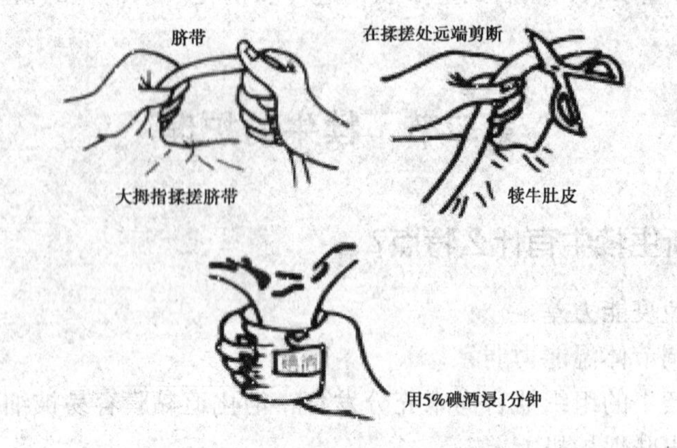

断脐

初乳

5. 什么是初乳？初乳有什么特点？

初乳：产犊后第一次挤出的，呈奶油状并富含免疫球蛋白的牛奶。往往是指母牛产犊后 5~7d 内所产的乳。

初乳的特点：

① 呈奶油状，含有大量免疫球蛋白；

② 含有较高的镁盐；

③ 含有较高的酸度和黏度；

④ 含有丰富的易消化的营养物质。

6. 什么是免疫球蛋白？

免疫球蛋白指具有抗体活性的动物蛋白。主要存在于血浆中，也见于其他体液、组织和一些分泌液中。免疫球蛋白可以分为 IgG、IgA、IgM、IgD、IgE 5 类。

7. 初乳有什么作用？

① 大量的免疫球蛋白，使犊牛获得免疫力，增强抗病力；

② 初乳可以在犊牛空虚的肠壁上形成一层保护膜，防止细菌入侵；

③ 初乳的酸度较高（45°~50°T），可使胃液与肠道形成不利于细菌生存的酸性环境，抑制有害细菌的繁殖；

④ 初乳可以促进真胃分泌大量的消化酶，使胃肠机能尽早形成；

⑤ 初乳中含有较多的镁盐，具有轻泻作用，有利于犊牛胎粪的排出；

⑥ 初乳含有丰富且易消化的矿物质和维生素，是犊牛的全价营养物质来源。

8. 为什么要让新生犊牛尽早吃到初乳？

犊牛出生后 0.5~1h 内吃上初乳，越早越好，第一次要求吃饱，原因如下。

① 小肠吸收大分子免疫球蛋白的通道完全开放，随时间推移逐

渐缩小，24h 后完全关闭。

② 初乳中的免疫球蛋白含量随时间推移逐渐减少。第一次喂量越多越好，应当充分供给。一般应摄入占初生重 5%，24h 内应喂 3~4 次。

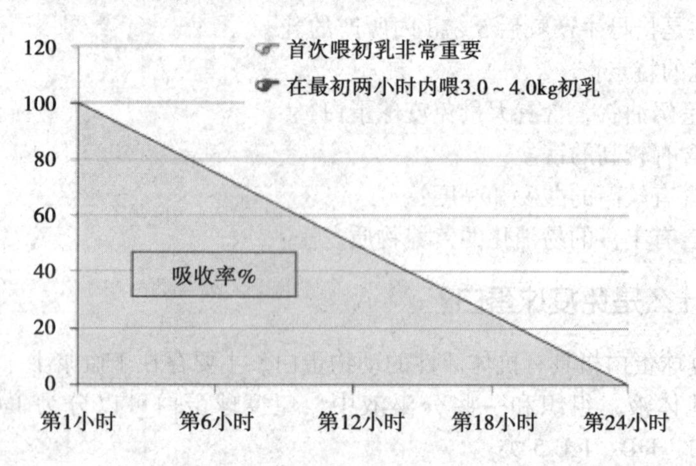

9. 如何饲养初生期犊牛（产后至 7 日龄）？

尽早哺喂初乳是初生犊牛饲养的关键。犊牛出生后 0.5~1h 内吃上初乳，越早越好，第一次要求吃饱。在犊牛能够自行站立时，让其接近母牛后躯，采食母乳。对个别体弱的可人工辅助，挤几滴母乳于洁净手指上，让犊牛吸吮其手指，而后引导犊牛助其吮奶。

吃乳

10. 犊牛吃不上初乳怎么办？

由于母牛难产或乳房炎，犊牛不能吃上亲生母亲的初乳，可以让犊牛吃其他母牛的初乳或冷冻初乳或调制人工初乳。人工初乳参考配方：鲜牛奶 1kg、生鸡蛋 2～3 个、鱼肝油 30g、食盐 20g、蓖麻油 50g，充分搅拌，混合均匀后隔水加热至 38℃饲喂。

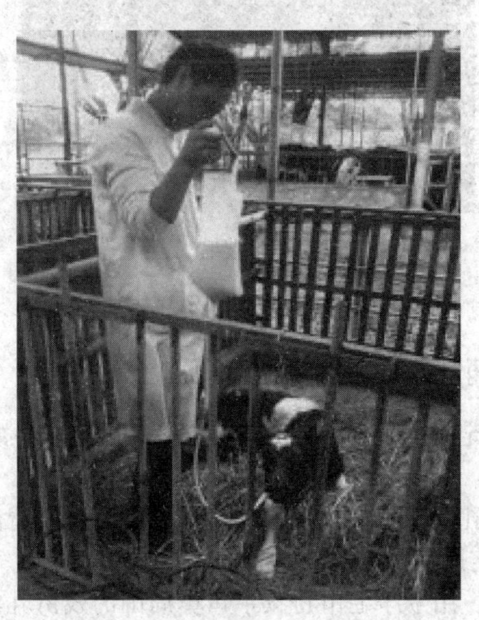

喂初乳

11. 母牛舔犊牛体表的黏液好吗？为什么？

好。犊牛体表的黏液最好让母牛舔干，母牛舔干犊牛身上的羊水，不仅可以促进犊牛迅速站立，而且有利于母牛子宫的收缩复原，排出胎衣，还能增进母子感情。

12. 怎样准备犊牛栏？

初生犊牛最好饲养在犊牛栏内，栏内垫上干净、柔软的垫草，保持犊牛栏内清洁、干燥、保温、避风。冬季不低于 10～15℃，夏季不

擦干被毛

高于 20~25℃。

13. 人工哺乳需要注意哪些事项？

① 做到“定时、定质、定量、定温”，初生期牛奶温度保持在 35~38℃；

② 保证哺乳用具卫生，每次使用前、后要及时清洗干净，清洗后倒置晾干，定期消毒；

③ 哺乳后，用干净毛巾将犊牛口鼻周围的残留乳汁擦净，避免形成舔癖。

14. 如何饲养常乳期犊牛（8 日龄至断奶）？

犊牛吃 5~7d 初乳后，犊牛对外界环境有了初步的适应能力，其饲料由单纯的液体饲料（母乳）逐步过渡到固体饲料（青粗饲料和混合饲料），及时补喂固体饲料是常乳期犊牛饲养的关键。

① 自然哺乳即犊牛随母吮乳，肉用牛较普遍。一般是在母牛分娩后，犊牛直接吸食母乳，注意观察犊牛的吮乳行为，同时进行必要的补饲。

② 母乳不足的情况下，可用代乳粉，进行人工哺乳。代乳粉应

含有粗蛋白质18%~22%、粗脂肪10%~22%、粗纤维低于0.5%。饲喂时调和均匀，按犊牛体重的1/10喂给，每天喂2次或按厂商说明书饲喂。随着固体饲料采食量的增加，逐渐减少哺乳量。由于对代乳粉质量要求高，不提倡自己配制。

15. 什么时候开始补饲？

随着犊牛的快速生长发育，常乳只能满足犊牛对蛋白质的需要，而能量、维生素D、铁等微量元素都不能满足犊牛生长发育的需要。同时，为了促进犊牛瘤胃发育也必须进行补饲固体饲料。

早期补饲优质干草的时间：从1周龄开始。

补喂精料：20日龄左右可开始逐渐补喂混合精料。

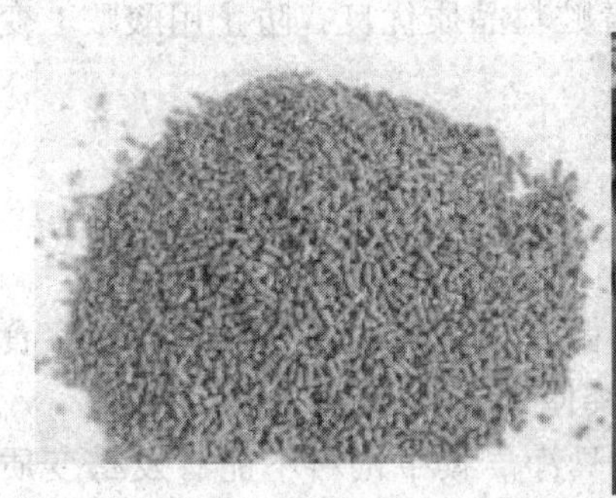

犊牛补饲料

16. 早期补饲有什么优点？

① 可以促进瘤胃微生物的繁殖，促使瘤胃迅速发育。

② 可以提高犊牛断奶重和断奶后的增重速度，实现提早断奶，降低饲养成本。

17. 早期补料怎样补？

（1）优质干草。可直接饲喂，要保证质量。在牛栏的草架内放置优质干草（如豆科青干草等），训练犊牛自由采食；随母放牧的犊牛也会采食部分青草。补饲干草可以促进瘤胃、网胃发育。

（2）精料。补饲时必须先进行调教。将精料用温水调制成糊状，加入少量牛奶、糖蜜或其他适口性好的饲料，在犊牛鼻镜、嘴唇上涂抹少量或直接将少量精饲料放入奶桶使其自由舔食，开始每天10~20g，3~5d后，犊牛适应采食后，逐渐增加饲喂量。1月龄后可以采用混合精料，2月龄后可采食混合精料500~700g，3月龄后可采食混合精料750~1 000g。

（3）青绿多汁饲料：20日龄时，在食槽中放少量切碎的胡萝卜、甜菜等青绿多汁饲料让其采食，以促进消化器官的发育。最初几天每日加10~20g，以后逐渐增加，到2月龄时可增加到1~1.5kg，3月龄为2~3kg。

（4）青贮料：2月龄开始饲喂，每天100~150g，3月龄时1.5~2kg，4~6月龄时4~5kg。应保证青贮料品质优良，防止用酸败、变质及冰冻青贮料喂犊牛。

18. 如何管理常乳期犊牛？

（1）做到“三勤”“三净”。

“三勤”：勤打扫，勤换垫草，勤观察。并做到“喂奶时观察食欲，运动时观察精神，扫地时观察粪便”。

“三净”：饲料净、畜体净、工具净。犊牛饲料不能有发霉变质和冻结冰块现象，不能含有铁丝、铁钉、牛毛、粪便等杂质。坚持每天1~2次刷拭牛体，促进牛体健康和皮肤发育，减少体内外寄生虫病。每次用完的奶具、补料槽、饮水槽等一定要洗刷干净，保持清洁。

（2）防止舐癖。犊牛舐癖指犊牛互相吸吮，是一种极坏的习惯，危害极大。对于已形成舐癖的犊牛，可在鼻梁前套一小木板来纠正。

（3）去角。为便于管理、防止意外，对于有角的品种应将角去掉。去角方法主要采用电烙铁加热法和药物去角法。犊牛去角的最佳时间为出生7~30日龄，此时犊牛小，易于保定，流血少，痛苦小，应激小，不易受细菌感染。使用电烙铁加热去角比较容易；采用腐蚀性强的药物去角时，特别要注意小心，以免这些液体接触到小牛身体其他部位。

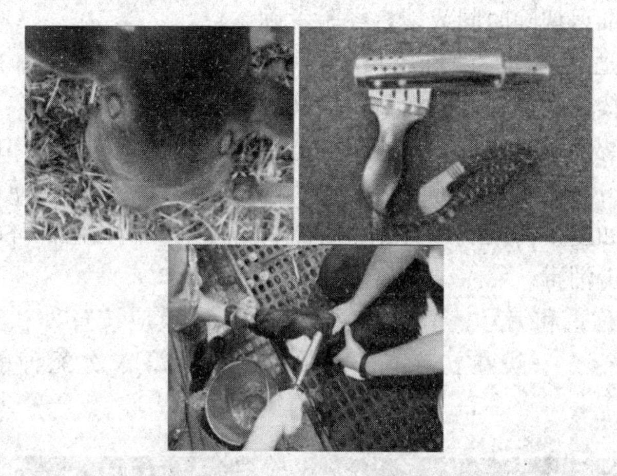

电烙铁加热去角法，药物去角法

（4）去副乳头。作繁殖用的母犊牛乳房上的副乳头，可在4~6周龄时将副乳头去掉。最好避开高温天气，先对副乳头周围清洗消毒，再轻拉副乳头，用消毒过的剪刀沿着其基部剪除，用5%碘酒消毒创口，并每天观察伤口是否感染。

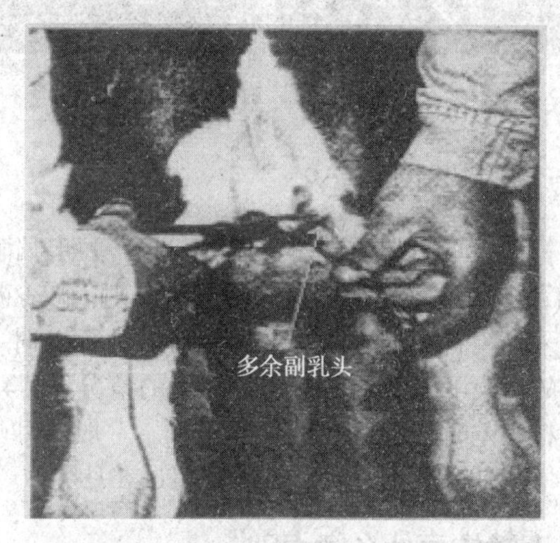

去副乳头

某种情况下副乳头不易确诊，有将正常乳头切除的危险性，这种情况可以推迟切除时间或请有经验者确诊。

(5) 适度运动。随母放牧的犊牛能保证充足的运动；拴牧方式的母牛，犊牛在母牛舍附近自由活动。

(6) 做好定期消毒。冬季每月至少进行1次，夏季10d一次，用苛性钠、石灰水或来苏儿对地面、墙壁、栏杆、饲槽、草架全面彻底消毒。如发生传染病或有死牛现象，必须对其所接触的环境及用具做临时突击消毒。

(7) 称重和编号。留做种用的犊牛，称重应按育种和实际生产的需要进行，一般在初生、6月龄、周岁、第一次配种前应予以称重。

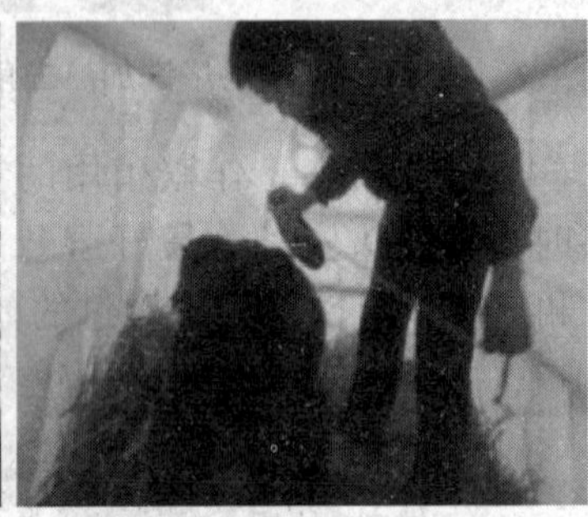

称初生重，量体尺

19. 犊牛几月龄可以断奶?

肉用犊牛一般在5~6月龄进行断奶，进行早期补饲的犊牛可以提前到3~4月龄。大多采用循序渐进的断奶原则，减少断奶应激。

当犊牛日采食精料达1kg左右，且能有效地反刍时，便可断奶。饲料条件较好的情况下，特别是精饲料较好的情况下，4月龄左右可以断奶，精饲料较差时，可适当延长哺乳期，一般5月龄左右断奶，但是除了特殊情况外，断奶时间一般不要超过6月龄。

20. 断奶期犊牛有什么特点?

从依靠乳品和植物性饲料到完全依靠植物性饲料的转变。瘤胃等系统快速发育，到6月龄时瘤胃、网胃占75%，微生物活动增强，体重、体尺快速增长。

21. 如何进行犊牛的早期断奶？

自然哺乳的母牛在断奶前1周即停喂精料，只喂给粗料和干草、稻草等，使其泌乳量减少。然后把母、犊分离到各自牛舍，不再哺乳。如果母牛乳房积乳肿胀，应及时挤掉乳汁，并注意防治乳房炎。

断奶第1周，母、犊可能互相呼叫，应进行舍饲或拴饲，不让互相接触。不要采用给犊牛戴“笼罩”的方式断奶，不仅影响母牛、犊牛的采食与休息，而且断奶时间长、效果差。

不良断奶法

22. 如何饲养断奶期犊牛？

随母哺乳的犊牛，在预定断奶前15d，犊牛要开始逐渐增加精、粗饲料喂量，减少牛奶喂量。日喂奶次数由任意哺乳改为每天3~4次定时哺乳，5~6d后由3次改为2次，8~9d后由2次再改为1次，然后隔日1次。到断奶时还可喂给1∶1的掺水牛奶，并逐渐增加掺水量，最后几天全部由温开水代替牛奶。

精料：3~4月龄时增加到每天1.5~2kg；供给优质干草、苜蓿，自由采食。

精粗比：4月龄之前，1：（1~1.5）；4月龄之后，1：（1.5~2）。

断奶期间，要保证犊牛充足的饮水，舍内要设置饮水槽。

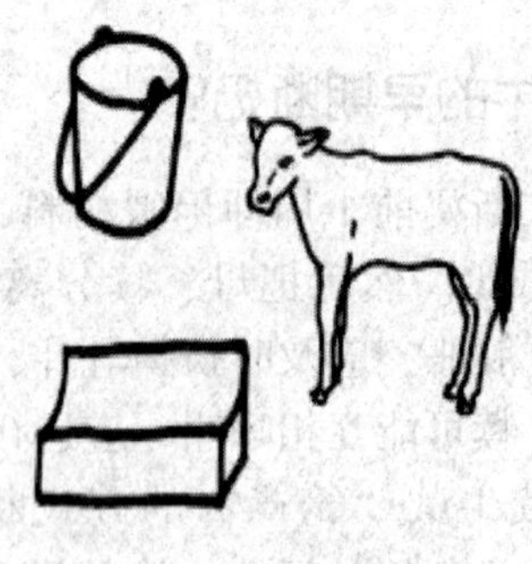

饮水槽

23. 如何管理断奶期犊牛？

（1）分群。按出生日期相近进行分群，每群10~15头。

（2）科学饮食。断奶期犊牛要定时、定量饲喂，禁止暴饮暴食。断奶后精料采食量逐渐增加，采食量达到每天2kg时，不建议增加精料用量，酌情添加青粗饲料量即可。

（3）自由饮水。断奶期的犊牛一定要保证饮水充足，刚刚断奶的犊牛很容易缺水，而且要保证饮水的质量，定时、定量，不能喝太多水，但也要保证犊牛体内水分含量正常。

（4）环境卫生。给犊牛提供干净、整洁、舒适的环境，使其摄取更多的草料，安全度过断奶期。对犊牛的食槽进行严格的消毒，刷拭牛体，减少牛栏里病菌的滋生，减少传染病的传播，还能降低犊牛生病的概率。同时，加强犊牛的适量运动。

（5）每月称重，做好记录。每月称量犊牛的体重，测量犊牛体尺、体长等，做好数据记录，保证6月龄体高102~105cm，胸围124cm，体重170kg以上。

24. 犊牛的正常体温是多少？

正常犊牛的体温为38.5~39.2℃，当体温高达40.5℃以上时，要对小牛进行治疗处理。

犊牛发病主要是肺炎和下痢，多发生在1月龄以内的犊牛，病因是天气骤变和犊牛环境卫生不良造成的。只要保证犊牛有一个相对稳定的适宜环境，并且保持清洁干燥，通风良好，定期消毒，特别是做好春冬两季保暖通风工作，就可以预防犊牛肺炎和下痢。

25. 如何防治犊牛疾病?

犊牛在出生后的头几周，由于抵抗力较差，发病率较高。主要疾病是犊牛腹泻、舔癖和肺炎。

（1）犊牛腹泻。病原微生物或营养不良都有可能诱发犊牛腹泻，新生犊牛腹泻致死率高达25%以上。由病原微生物引起的腹泻，主要注意犊牛的哺乳卫生，犊牛栏保持良好的卫生条件；营养性腹泻的预防就要注意哺乳不要过多，温度不要过低，代乳品的品质要好。临床上以犊牛拉黄白稀粪，迅速脱水、衰竭为特征，确诊需要进行实验室病原分离鉴定和药敏实验筛选敏感药物进行治疗。

腹泻造成犊牛主要病理变化是电解质丢失、脱水和酸中毒，血液 HCO_3^- 浓度降低，pH 值降低，葡萄糖，Cl^-、Na^+浓度下降，K^+浓度升高，血浆体积下降，红细胞压积上升，血浆蛋白浓度升高。

犊牛腹泻治疗原则：终止病因的致病作用，补充营养物质，促进机体酸碱平衡、渗透压平衡、离子平衡、水平衡和葡萄糖平衡及维生素平衡，提高细胞的耐受性。

用药原则：消灭病原，可选择广谱抗生素和抗病毒药物，驱虫药，灌服或者肌内注射，静脉注射；补充水和电解质可用0.9%生理盐水静脉注射，或者口服补液盐胃管灌服，5%葡萄糖。

禁止注射氯化钾，因为腹泻过程中，已经造成高血钾，再注射氯化钾会导致心跳骤然停止，加速死亡。

（2）犊牛舔癖。犊牛每次喂奶完毕后，擦去犊牛口鼻处的乳渍，以防犊牛互相舔吮而在胃内形成毛球，影响发育。对于已经形成舔癖的犊牛应隔离或戴上口笼，饲养一段时间加以纠正后再混群散放。

（3）犊牛肺炎。肺炎最直接的致病因素就是环境温度的骤变，引起感冒，也可能原发于细菌性感染，如肺炎双球菌、链球菌性肺炎。临床上常见流鼻涕、干咳、体温高（41℃）、呼吸困难等。预防方法就是做好保温工作，同时，应注意早期诊断，及时采用抗生素进行治疗。

(4) 犊牛便秘。便秘通常指犊牛出生后24h内不排粪，且表现出不安、拱背。犊牛发生便秘后，要及时用肥皂水灌肠或直肠灌注植物油或石蜡300mL，使粪便软化，以利于排出。

总之，加强犊牛饲养管理，保证犊牛健康生长发育。

26. 犊牛需要注射哪些疫苗?

大肠杆菌、传染性牛鼻气管炎、犊牛病毒性腹泻、巴氏杆菌病、轮状病毒病、冠状病毒、昏睡嗜血杆菌、梭菌病、副结核杆菌病、布氏杆菌病等。

第三节　繁殖母牛的饲养管理

繁殖母牛按照生理阶段分为空怀母牛、妊娠母牛、哺乳母牛。根据各阶段母牛的生理特点和营养需要进行科学的饲养和管理。

1. 如何选育后备母牛?

后备母牛是指从犊牛断奶后到配种前的母牛。一般在4~6月龄时选择生长发育好、性情温顺、增重快、体质结实的母犊牛留作繁殖母牛培育。后备母牛的培育对其终身的繁殖性能具有重要的影响。后备母牛正处于快速的生长发育阶段，因此它的培育正确与否，对奶牛体形的形成、采食粗饲料的能力，以及到成年期的产奶和繁殖性能都有极其重要的影响。

2. 如何饲养后备母牛?

后备母牛生长发育快，要保证日增重0.4kg以上，否则会严重影响终身的繁殖性能。根据后备母牛的生长发育规律及生理变化特点，分为3个阶段：前期饲养（断奶至1岁）、中期饲养（1岁至配种）、后期饲养（配种至初次分娩）。

(1) 前期饲养。此期牛正处于快速生长发育时期，是骨骼和肌肉的快速生长阶段，体躯向高度和长度两个方向急剧增长，性器官和第二性状发育很快，但消化机能和抵抗力还没发育完全。因此，在饲养上要求供给足够的营养物质，满足其生长需要，以达到最快的生长速度，而且所喂饲料必须有一定容积，以刺激其瘤胃的发育。饲喂的饲料应选用优质干草、青贮料为主，秸秆等作为粗饲料应少量添加，同时必须适当补充一些精饲料。

后备母牛精料补充料配方（%）

配方	玉米	糠麸	饼粕	石粉	磷酸氢钙	食盐	微量元素添加剂	维生素A（万单位/kg）	适用粗饲料
1	65.5	10.0	20.0	1.5	1.0	1.0	1.0	—	除豆科牧草外的青草、青贮料
2	80.5	15.0	—	—	2.5	1.0	1.0	5	豆科青草及豆科干草
3	61.0	10.0	25.0	2.0	—	1.0	1.0	5	除豆科牧草外的青干草
4	55.0	10.0	30.0	2.0	—	1.0	1.0	10	秸秆

在放牧条件下，回舍后要补饲优质干草及营养价值全面的高质量混合精料。在冬季必须进行补饲。如以农作物秸秆为主要粗饲料时每天每头牛应补饲1.5kg混合精料，以达到日增重0.6~1.0kg。青饲料的采食量：7~9月龄为18~22kg，10~12月龄为22~26kg。

（2）中期饲养。此阶段母牛的消化器官进一步扩大，消化粗饲料的能力增强。日粮应以粗饲料和易消化饲料为主，占日粮的75%，其余25%为混合饲料，以补充能量和蛋白质的不足。这个阶段的牛肥瘦要适宜，七八成膘，不能过肥或过瘦，否则会影响繁殖性能。

此期利用优质干草、青贮料、半干青贮料添加少量精饲料就能满足母牛的营养需要，可使牛日增重达到0.6~0.65kg。在优质干草、多汁饲料和计划较高日增重的情况下，则必须每天每头牛添加1.0~1.3kg精饲料。以放牧饲养为主的母牛，应根据草场资源情况适当补饲一部分精饲料，一般每天每头0.5~1.0kg。能量饲料以玉米为主，占70%~75%，蛋白质饲料以豆饼为主，占25%~30%。精、粗饲料补给与否以及补给多少，应视草场和牛只生长发育情况而定，发育好可减少或停止饲料补给，发育差的则适当增加精饲料补给量。育成母牛在 16~18 月龄体重达到成年母牛体重的 70%以上时，即可配种。

（3）后期饲养。此期母牛已经配种受胎，生长缓慢下来，体躯显著向宽深发展，在丰富的饲养条件下容易过肥，引起难产、产后综合征。如果饲料过于贫乏则会使牛生长受阻，泌乳能力差。因此，在此期间，饲料应多样化、全价化，以优质干草、青草、青贮料和少量氨化麦秸作为基础饲喂，青饲料日喂量 35~40kg，精料可以少喂或甚至不喂。直到妊娠后期尤其是妊娠最后 2~3 个月，由于胎儿生长发育所需营养物质增加，减少粗饲料，增加精饲料，每天补充 2~3kg 精料，并适当添加维生素 A。在较好放牧条件下，精饲料可减少 30%~50%；放牧回来若未吃饱应补喂一些干草和多汁饲料。

3. 后备母牛如何管理?

（1）分群。育成牛最好在 6 月龄分群饲养，把育成公牛和母牛分开，以免早配。育成母牛按年龄、体格大小分群饲养，月龄差异不超过 1.5~2 个月，活重不超过 25~30kg。

（2）刷拭牛体。每天刷拭牛体 1~2 次，每次 5~10min。

（3）称重，记录。在 12 月龄、18 月龄、分娩前 2 个月根据母牛发育情况分栏转群，同时称重、体尺测量，做好记录。

（4）运动。舍饲母牛要保证足够的运动场地，每天自由运动。放牧条件的母牛，运动时间一般足够。对于妊娠后期母牛最好单独饲养，防止母牛间挤撞、滑倒，不鞭打母牛。

（5）适时初配。育成母牛年龄达到 16 月龄时应记录其发情日期，经过几次发情，体型及体重达到要求的母牛应及时配种。

（6）防疫防病。定时注射疫苗（重点为口蹄疫疫苗、布鲁氏菌菌苗等），定时驱除体内外寄生虫。

4. 正确饲养后备母牛的好处是什么?

① 培育健康的后备母牛，减少犊牛的发病率与死亡率；

② 培育优秀的后备母牛，发挥其生长潜能，使后代有优良的生产成绩；

③ 提高牛群的总体健康水平。

5. 母牛发情有季节性吗？

母牛属于无季节性发情动物，全年均可发情。

6. 什么是母牛发情周期？

发情周期是指从一次发情开始到下一次发情开始的间隔时间，一般为18~24d，平均为21d。根据母牛发情时机体产生的一系列生理变化，可分为发情前期、发情期、发情后期、休情期。

发情前期：此期持续1~3d，是卵泡的准备时期。上一发情周期形成的黄体萎缩退化，卵巢上卵泡开始发育，雌激素开始分泌，生殖道轻微充血，阴道与阴门黏膜轻度充血、肿胀。追随其他母牛，但不接受爬跨。如果以发情征状开始出现时为发情周期的第1d，则发情前期相当于发情周期的16~18d。

发情期：卵巢上卵泡迅速发育，雌激素分泌增多，子宫颈充血，子宫颈开张，阴道与阴门黏膜充血，肿胀明显，有大量透明稀薄黏液从阴门排出；精神兴奋，走动频繁，不停哞叫，食欲差；接受公牛爬跨而站立不动，即站立发情。此期持续18h左右，相当于发情周期的1~2d。

发情后期：排卵后黄体形成的时期，由性欲激动逐渐转入安静状态；卵泡破裂排卵后雌激素分泌量显著减少，黄体开始形成并分泌孕酮作用于生殖道，使充血肿胀症状逐渐消退，子宫肌层蠕动减弱，腺体活动减少，黏液量少而稠，有干燥的黏液附于尾部。此期持续17~24h，相当于发情周期的3~4d。

休情期：处于发情周期的第4d或第5~15d，发情期已经结束。

7. 如何饲养妊娠前期母牛？

母牛妊娠期平均为280d。妊娠母牛的营养需要表现为前期低、逐渐增加、后期达最高。

妊娠前期是指母牛从受胎到怀孕26周的阶段。母牛妊娠初期，由于胎儿生长发育较慢，其营养需求较少，一般按空怀母牛进行饲养，以优质青粗饲料为主，适当搭配少量精料补充料。但这并不意味着妊娠前期可以忽视营养物质的供给，若胚胎期胎儿生长发育不良，出生后就难以补偿，增重速度减慢，饲养成本增加。对妊娠母牛保持中上等膘情即可，但应防止母牛过瘦。

① 放牧妊娠前期的母牛，青草季节应尽量延长放牧时间，一般可不补饲，枯草季节应据牧草质量和牛的营养需要确定补饲草料的种类和数量。牛如果长期吃不到青草，维生素缺乏，可用胡萝卜或维生素添加剂来补充，冬季每头每天喂 0. 5～1kg 胡萝卜，另外应补足蛋白质、能量饲料及矿物质。精料补加量每头每日 1～2kg。精料配比：玉米 50%、糠麸 10%、油饼粕 30%、高粱 7%、石粉 2%、食盐 1%、另外，添加维生素和微量元素预混料。

② 舍饲应以青粗料为主，参照饲养标准合理搭配精饲料。以蛋白质量低的玉米秸、麦秸为主时，要搭配 1/3～1/2 优质豆科牧草，再补加饼粕类，添加维生素和微量元素预混料。

母牛妊娠前期，应限量饲喂棉籽饼、菜籽饼、酒糟等饲料，按精饲料量计算棉籽饼用量不超过 10%、菜籽饼不超过 8%、鲜酒糟用量不超过 8kg。

8. 如何饲养妊娠后期母牛？

妊娠后期一般指怀孕 27 周到分娩时的阶段。此期是胎儿增重最快的时期，这时期的增重占犊牛初生重的 70%～80%，需要从母体获得大量的营养，一般在母牛分娩前，至少要增重 45～70kg，才能保证产后的正常泌乳与发情。从妊娠第 5 个月起，应加强饲养，对中等膘情的妊娠母牛，除供给平常日粮外，每日需补加 1. 5kg 精料，妊娠最后 2 月，每天应补加 2kg 精料，但不可将母牛喂得过肥，以免影响分娩。体重 350～450kg 的妊娠母牛，舍饲时每天应补充 1. 5～2. 0kg 精饲料。精料参考配方：玉米 52%、饼粕类 20%、麸皮 25%、石粉 1%、食盐 1%、微量元素及维生素 1%。饲喂次数可增加到 4 次，每次喂量不可过多，以免压迫胸腔和腹腔。

9. 如何管理妊娠期母牛?

（1）草料卫生。妊娠母牛不能喂冰冻、腐败、发霉、有害物质残留的饲料，以防引起流产。妊娠后期禁喂棉籽饼、菜籽饼、酒糟等饲料。

（2）圈舍卫生。每日坚持打扫圈舍，保持妊娠母牛圈舍清洁卫生，对圈舍及饲喂用具要定期消毒。

（3）饮水卫生。保证饮水清洁、卫生，自由饮水，冬季水温不低于10℃，严禁饮过冷的水。

（4）刷拭牛体。每天至少1次，每次约5min，以保持牛体卫生。

（5）运动。妊娠母牛要适当运动，增强母牛体质，促进胎儿生长发育，并可防止难产。妊娠后期2个月，每天应牵牛运动1~2h，牵牛走上下坡，以保持胎位正常。

（6）保胎。做到“四防”：即防爬跨、防挤压、防追赶、防鞭打。

防爬跨：群养时要防止牛的爬跨。

防挤压：进出围栏和牛舍时防止挤压。

防追赶：禁止追赶妊娠母牛。

防鞭打：禁止鞭打妊娠母牛。

（7）注意观察。妊娠后期的母牛尤其应注意观察，发现有临产征兆的母牛，使其进入产房，做好接产准备工作，保证安全分娩。

10. 如何饲养围产期母牛?

围产期就是产前15d（围产前期）和产后15d（围产后期）的时期。这个阶段的饲养管理以恢复母牛体质为中心，对增进临产前母牛、胎犊、分娩后母牛及新生犊牛的健康极为重要。

围产前期：饲料以优质干草为主，添加以麸皮为主的精料，精料喂量不超过体重的1%，对体弱临产牛可加喂豆饼（每天每头不超过0.5kg），对过肥临产牛可适当减少精料喂量。此期还应喂食盐和低钙日粮，将钙的比例降至0.2%。临产前7d的母牛可逐渐增加精料喂量，但最大量不超过母牛体重的1%。产前乳房严重水肿的母牛，不宜多喂精料。母牛在分娩前1～3d，食欲低下、消化功能较弱，此时精料最好调制成粥状，精料可增加麸皮的含量（占精料比例可达到50%～70%），防止母牛发生便秘。

围产后期：母牛分娩后，及时饮用热益母草红糖水，每天1次，连服2～3d。母牛产后2d内以优质干草为主，补喂易消化的精料（玉米、麸皮）。日粮中钙的水平应由产前的0.2%增加到0.6%～0.7%。对产后3～5d的母牛，如果食欲良好、健康、粪便正常（不拉稀、不酸臭），可逐渐增加精料喂量（每天每头增加0.45kg）和青贮料喂量（每天每头增加1～2kg），每天精料最大喂量不超过体重的1.5%。产后1周，母牛可恢复正常喂量。

11. 如何管理围产期母牛？

（1）准备产房。必须提前将产房打扫干净，用2%火碱水喷洒消毒；保持产房清洁、干燥、安静；铺垫清洁卫生的垫草。

（2）接产。产房昼夜应有人值班。母牛分娩必须保持安静，正常分娩母牛可将胎儿顺利产出，不需人工辅助。对初产母牛、胎位异常及分娩过程较长的母牛要及时助产，以保母牛和胎儿安全。

（3）监护。产犊后要尽快将母牛驱赶站起，以减少出血、利于子宫复位和防止子宫外翻。母牛分娩后，用干净的毛巾用温热消毒水擦洗乳房等部位；清除产房内被污染的垫草和粪便，对地面消毒后铺上清洁、干净的垫草。

母牛产后易发生胎衣不下、乳房炎等，应加强观察胎衣、恶露排出情况，观察阴门、乳房、乳头等部位是否有损伤。每天测量体温，发现异常及时治疗处理。

（4）饮水。母牛产后1周，应饮37～38℃的温水，禁饮冷水。饮水中加一小撮盐（10～20g）和一把麸皮，防止母牛分娩时体内损失大量水分，使腹内压突然下降和血液集中到内脏产生临时性贫血。1周后可降至常温。

（5）乳房护理。保持圈舍清洁、干燥，保持牛体及乳房的清洁卫生，防止乳房炎的发生。对产后乳房水肿严重的母牛，每天用热水热敷、按摩乳房1～2次，每次5～10min。

12. 如何饲喂哺乳期母牛？

母牛的哺乳期一般分为哺乳前期（分娩至产后 3 个月）及哺乳后期（产后 4 个月至犊牛断奶）。

哺乳前期：这一时期是哺乳母牛的泌乳高峰期，母牛的饲养至关重要，日粮必须营养平衡。母牛分娩后的前几天，尚处于身体恢复阶段，应限制精料及块根、块茎类料的喂量，此期如果饲养过于丰富，特别是精料喂量过多，导致母牛消化失调，易加重乳房水肿或发炎，有时钙磷代谢失调而发生乳热症等，因此，对产后母牛须进行适度饲养。体弱母牛产后 3d 内只喂优质干草，4d 后可喂给适量的精料和多汁饲料，根据乳房及消化系统的恢复状况逐渐增加精料量，但每天不能超过 1kg，乳房水肿完全消失后可增至正常。正常情况下 6~7d 后可增至正常喂量，注意各种营养平衡。

哺乳后期：母牛泌乳时开始下降，犊牛也能采食部分固体饲料。这个时期母牛的采食量有较大增长，如饲喂过多精料，易造成母牛过肥，影响产奶和繁殖。因此，应根据母牛体况和粗饲料的供应情况确定精料喂量，混合精料每天一般补充 1~2kg，并添加矿物质和维生素添加剂，多供给青绿多汁饲料。

放牧条件下，草地牧草基本能保证母牛的营养需要，但要注意补充食盐、钙、磷及微量元素，禾本科草地适当补充蛋白质饲料。

13. 如何管理哺乳期母牛？

（1）加强运动。舍饲哺乳母牛每头保证有 $20m^2$ 的运动场，让牛自由活动；放牧牛运动量足够，但最好公、母分群放牧，防止乱交配。

（2）饮水。保证饮水充足、清洁，自由饮水。

（3）乳房护理。每天用热毛巾热敷、按摩乳房 1~2 次，每次 5~10min，观察乳房是否有硬块，防止乳房炎发生。

（4）产后配种。产后 40d 左右，注意观察母牛发情情况，做好记录，及时配种。

14. 干奶期母牛如何饲养管理?

母牛干奶期的饲养管理对胎儿发育、母仔健康及下一个泌乳产量都有直接关系。母牛干奶期为45~75d，平均50~60d。适当减少精料喂量，增加青绿多汁饲料，控制饮水，加强运动，减少挤奶次数，改变挤奶时间。母牛的生活规律被破坏，产奶量明显下降。4~7d后可停止挤奶，最后挤奶要完全挤净，消毒乳头。干奶开始到产犊前2~3周，应提高日粮营养水平，使母牛体重比泌乳高峰提高10%~15%。此时日粮标准为优质干草5kg，青贮料10~15kg，混合精料1.5~2.0kg。干奶期母牛的日粮精料配方（供参考）：玉米1.4kg，豆饼0.5kg，食盐0.05kg，母牛预混料0.05kg，共计2kg。产犊前2~3周至分娩的这段时间称干奶后期，要提高精料喂量，如乳房水肿严重，应减少或停喂精料。

第四节　架子牛的生产

1. 什么是架子牛?

架子牛是指从断奶到肥育前的牛。它是由于恶劣的环境条件及较低日粮营养水平导致幼牛生长速度下降，而骨骼和内脏基本发育成熟，肌肉及脂肪组织尚未充分发育，具有较大的肥育潜力。

2. 架子牛如何选择?

（1）品种选择。首先，选择良种肉用杂交牛，即国外优良肉牛做父本与我国黄牛杂交繁殖的后代，充分利用杂种优势。在相同的饲养管理条件下，杂种牛的日增重、饲料利用率、肉质量、屠宰率和经济效益都要优于我国地方黄牛。生产性能较好的杂交组合有：利木赞牛与本地牛杂交后代，夏洛莱牛与本地牛杂交后代，皮埃蒙特牛与本地牛杂交后代，西门塔尔牛与本地牛杂交改良后代，安格斯牛与本地牛杂交改良后代等。其特点是体形大，增重快，成熟早，肉质好。

其次，选择我国地方良种黄牛，如：秦川牛、南阳黄牛、晋南牛、鲁西黄牛等。其特点是体形大，肉质好，但增重速度慢，育肥期较长。

（2）年龄选择。肉牛的增重速度、胴体质量、饲料报酬与肉牛的年龄密切相关。根据年龄，架子牛可分为犊牛（年龄不超过1岁）、1岁牛、2岁牛、3岁牛。不同年龄阶段的牛，饲料转化率大不相同，肉牛1岁时饲料转化率高，增重最快，2岁时为1岁时的70%，3岁时只有2岁的50%。因此，架子牛的年龄最好是1~2岁。

（3）去势。为了获得优质牛肉，习惯上将公牛去势后再育肥。但研究表明，不去势公牛的生长速度和饲料转化率高于阉牛，且胴体的瘦肉多、脂肪少，因此，现在许多国家不将公牛去势直接育肥，以生产大量的牛肉。生产一般的优质牛肉最好将公牛在1岁左右去势；生产优质牛肉高等级切块，应当在犊牛断奶之前5月龄左右去势，如“雪花牛肉”（肌肉中有较好的大理石花纹）；而生产小牛肉可用“提睾去势法”，即将睾丸向阴囊的上端推挤，使睾丸从鼠蹊孔进入腹腔或紧贴腹壁，阴囊下端用弹性较好的橡胶圈扎紧，造成隐睾或提高睾温，使睾丸不能产生精子。

（4）体形外貌选择。体形外貌是体躯结构的外部表现，在一定程度上反映牛的生产性能。选择的育肥牛要符合肉用牛的一般体形外貌特征。架子牛要体躯深长，体形大，肩部平宽，胸宽深，背腰平直、宽广，腹部圆大，肋骨弯曲，臀部宽大，皮肤松软、有弹性，被毛细密而有光亮。不论侧望、上望、前望和后望，体躯应呈“长矩形”。

3. 架子牛运输需要注意什么？

架子牛运输环节是影响育肥牛生长发育十分重要的因素，因为在架子牛的运输过程中造成的外伤易医治，而造成的内伤不易被发觉，常常贻误治疗，造成直接经济损失。因此，要重视架子牛的运输工作。

（1）运输前准备。对购买的架子牛按品种、年龄、体重、性别等进行分群编号，以便于管理。运输前2~3d开始给牛饮用电解多维防止应激，注射长效抗病毒消炎针剂防感冒；装运前3~4h停喂具有轻泻性的青贮饲料、麸皮、鲜草等；运前2~3h不能过量采食和饮水；装运前，按每千克体重灌服1mL酒精；装车时逐一检查，病牛、体表有严重损伤的牛不要装车；了解当地疫病流行情况和免疫接种情况，便于以后的卫生防疫。办理准运证、税收证据和防疫证、检疫证、非疫区证明、车辆消毒证明等。

（2）运输管理。装运过程中，切忌任何粗暴行为或鞭打牛只，否则导致应激反应加重，造成架子牛更多的掉重和伤害，从而延长恢复时间，增加养牛支出。运输途中车辆起动、行驶、停车要平稳，转弯要减速，千万不能快速起动或紧急刹车，以防牛滑倒挤伤；运输途中要定时检查牛群，发现牛有躺卧现象，应及时赶起，防止踩踏；发现生病的牛要及时治疗。到达目的地后，切勿暴饮暴食，先给干草等粗料，2h后再饮水。

4. 怎样饲养吊架子期幼牛？

架子牛吊架子阶段主要是保证骨骼发育正常，一般在犊牛断奶后就以粗饲料为主，达到一定体重后进行肥育。架子牛饲养要以降低成本为主要目标，可以调节饲料在时间和空间上的丰歉，以利于生产的组织。所以，架子牛饲养不要以生长速度高为目标，在15~18月龄体重达到300~400kg，一般日增重维持在0.6~0.8kg，不得低于0.4kg。

架子牛的营养需要由维持和生长发育速度两方面决定。架子牛处于消化器官发育的高峰阶段，利用青粗饲料能力较强，日粮以粗饲料为主。若粗饲料过少，消化器官发育不良。架子牛的饲料以粗饲料为主，适当辅以精饲料，一般控制精粗料之比在3：7，充分保证架子牛骨骼生长良好，减少脂肪沉积。应用粗饲料还可以降低饲养成本，在选用架子牛所需的精饲料时，要注意蛋白质的浓度，如蛋白质含量不足、能量较高时，增重主要为脂肪，会大大降低牛的生产性能。待体重达到300kg以上时，再选择合适的饲养方式育肥。

放牧架子牛应根据草地的状况及不同的季节补饲一定量的配合料，营养上满足牛生长发育所需蛋白质、无机盐和维生素A，注意蛋白质的品质和钙、磷的比例。精料参考配方：玉米67%、高粱10%、棉籽饼 2%、菜籽饼 8%、糠麸 10%、食盐 2%、石粉 1%。补饲时机最好在牛回圈休息后，夜间进行。夜间补饲不会降低白天放牧采食量，也免除回圈立即补饲而使牛群回圈路上奔跑带来的损失。为了避免减重，维持低增重，每头架子牛每天应补 1kg 左右配合料，冬末春初每天喂给 1kg 胡萝卜或青干草，或 0. 5kg 苜蓿干草。

舍饲牛根据不同年龄阶段分群饲养，断奶至周岁的架子牛胃相当发达，只要给予良好的饲养，即可获得最高的日增重。此时，粗料可占日粮总量的 50%~60%，混合精料占 40%~50%。随着年龄增加，精料的比例逐渐下降，粗料的量逐渐增加。周岁时粗料逐渐增加至 70%~80%，精料降至 20%~30%。粗料以青草、青贮料、青干草等为主。若喂秸秆，则必须经加工处理后再喂。块茎及瓜果类饲料需切碎以利于采食。精料补充料参考配方：玉米 46%、高粱 5%、大麦 5%、麸皮 31%、叶粉 3%、酵母粉 4%、磷酸氢钙 3%、食盐 2%、微量元素添加剂 1%。日喂量：青干草 0. 5~2kg，玉米青贮 11kg。精料的喂给量随粗料的品质而异，根据肉牛的体重和日增重，大致为每天 1. 5~3. 0kg。

5. 怎样管理吊架子期幼牛？

（1）分群。一般按性别、年龄、体形、性情等分群、分圈饲养，避免野交乱配、恃强凌弱，引起不必要的麻烦；同时也可适应不同生长发育速度的牛对不同营养需要的要求。

（2）驱虫。架子牛的饲养阶段往往是比较寒冷的季节，周围环境中的寄生虫等会聚集于牛体过冬，干扰牛群，并使牛体消瘦、致病，导致牛皮等产品质量下降，因此，应在春秋两季各进行一次体内、体外驱虫。

（3）饮水。由于架子牛日粮以粗饲料为主，需要大量的水，因此，应供给洁净、充足的饮水。自由饮水时，控制水温不结冰即可。

（4）称重。每月或隔月称重，检查牛体生长发育情况，为日粮配制提供依据，避免形成僵牛。定期测定幼牛生长发育情况，若生长发育差，每天补充精料 1~2kg，或夜间补饲青粗料，以保证其正常增重。

（5）运动。架子牛有活泼好动的特点，应注意控制运动量不宜过大，因其主要用于肥育。

6. 如何避免架子牛形成“僵牛”?

架子牛体组织的发育以骨骼发育为主，日粮中的钙、磷含量及比例必须合适，以避免形成小架子牛，降低其经济价值。根据补偿生长规律，在吊架子阶段的平均日增重，一般大型品种牛不低于0.45kg，小型品种不低于0.35kg。架子牛营养贫乏时间不宜过长，否则肌肉发育受阻，影响胴体质量，严重时，更丧失补偿生长的机会，形成“僵牛”。当架子牛饲喂到250~300kg时，可进行肥育，架子阶段时间越长，用于维持营养需要的比例越大，经济效益越低。体重225kg以下的架子牛，饲粮的钙含量为0.3%~0.5%，磷含量为0.2%~0.4%；体重225kg以上的架子牛，饲粮的钙含量为0.25%，磷含量为0.15%。

第五节　肉牛的育肥

1. 肉牛的育肥方式有哪些?

按牛的年龄，肉牛的育肥方式可分为：犊牛育肥、架子牛育肥和成年牛育肥。按饲养方式，肉牛的育肥方式可分为：放牧育肥、半舍饲半放牧育肥和舍饲育肥。

2. 犊牛如何育肥?

选择早期生长发育速度快的肉牛品种的犊牛进行育肥。犊牛育肥是指完全用全乳、脱脂乳或代用乳，或者用较多数量牛奶搭配少量混合精料饲喂犊牛。哺乳期可分为3个月或7~8月龄，断奶后屠宰。严格来说，犊牛出生后90~100d，体重达到100kg左右，完全用乳或代用乳培育所产的牛肉，称为“小白牛肉”。这种牛肉鲜嫩多汁，蛋白质含量高而脂肪含量低，带有乳香味，肉色全白或稍带浅粉色，是一种自然的高档牛肉。而犊牛在出生后7～8月龄或12月龄以前，以牛乳为主，辅以少量精料培育，体重达到250～350kg所产的肉，称为“小牛肉”。有小胴体和大胴体之分。生产小胴体的犊牛应在180日龄时结束育肥，宰前活重应达250～300kg。生产大胴体的犊牛应在240日龄时结束育肥，宰前活重应达300～350kg。见下表。

荷斯坦奶公犊生产小白牛肉的生产方案

周龄	体重（kg）	日增重（kg）	日喂乳量（kg）	日喂次数
0～4	40～59	0.6～0.8	5～7	3～4
5～7	60～79	0.9～1.0	7～8	3
8～10	80～100	0.9～1.1	10	3
11～13	101～132	1.0～1.2	12	3
14～16	133～157	1.1～1.3	14	3

生产小白牛肉的代乳料参考配方见下表。

生产小白牛肉的代乳料配方（%）

配方	Ⅰ	Ⅱ
熟豆粕	35	37
熟玉米	12	17.3
乳精粉	10	15
糖蜜	10	8
酵母蛋白粉	10	10
乳化脂肪	20	10
食盐	0.5	0.5
磷酸氢钙	2	2
赖氨酸	0.2	0
蛋氨酸	0.1	0
鲜奶香精或香兰素	0.02	0.02

小牛肉的生产方案见下表。

小牛肉的生产方案

周龄	始重（kg）	日增重（kg）	日喂乳量（kg）	配合料喂量（kg）	青干草（kg）
0~4	50	0.95	8.5	自由采食	
5~7	76	1.20	10.5	自由采食	自由采食
8~10	102	1.30	13	自由采食	自由采食
11~13	129	1.30	14	自由采食	自由采食
14~16	156	1.30	10	1.5	自由采食
17~21	183	1.35	8	2.0	自由采食
22~27	232	1.35	8	2.5	自由采食

注：0~4 周龄可饲喂代乳料，参考配方为：脱脂乳 60%~70%、猪油 15%~20%、乳清粉 15%~20%、玉米粉 1%~10%、矿物质和维生素 2%。

犊牛育肥的关键技术是控制牛只摄入铁的含量，强迫牛在缺铁条件下生产。因此，代乳料或人工乳必须选用含铁低的原料。同时，应减少谷实用量，所用谷实最好经过膨化处理。对于油脂，应经过乳化，以乳化肉牛脂肪效果最佳。饲喂全乳，也要加喂油脂。代乳料最好煮成粥状（含水 80%~85%），晾至 40℃ 饲喂。出现消化不良时，可饲喂淀粉酶等治疗，同时适当减少喂量。

在管理上，要严格控制饲料和水中铁的含量；控制牛与泥土、草料的接触，牛栏地板尽量采用漏粪地板；饮水充足，定时定量；舍温要保持在 14~20℃，通风良好；注意防病。

3. 架子牛如何育肥?

架子牛育肥又称后期集中育肥，是在犊牛断奶后，按一般饲养条件进行饲养，达到一定年龄和体况后，充分利用牛的补偿生长能力，采用屠宰前集中 3~4 个月进行强度育肥。

一般架子牛快速育肥需 120d 左右。可以分为 3 个阶段：即过渡驱虫期，约 15d；育肥前期，约 45d（16~60d）；育肥后期，约 60d（61~120d）。

（1）过渡驱虫期。这一时期主要是让牛熟悉新的环境，适应新的草料条件，消除运输过程中造成的应激反应，恢复牛的体力和体重，观察牛只健康，健胃、驱虫、决定公牛去势与否等。驱虫一般可选用阿维菌素，一次用药同时驱杀体内外多种寄生虫。日粮开始以品质较好的粗料为主，不喂或少喂精料。随着牛只体力的恢复，逐渐增加精料，精粗料的比例为 30∶70，日粮蛋白质水平为 12%。如果购买的架子牛膘情较差，此时可以出现补偿生长，日增重可以达到 0.8~1kg。

（2）育肥前期。日粮中精粗料比例由 30∶70 逐渐增加到 60∶40。精料喂量可按每 100kg 体重喂精料 1kg，粗料自由采食。这一时期的主要任务是让牛逐步适应精料型日粮，防止发生瘤胃臌胀、腹泻和酸中毒等疾病，又不要把时间拖得太长，一般过渡期 10~15d。这一时期日增重可以达 1kg 以上。

（3）育肥后期。日粮中精粗料比例可进一步增加到 70∶30 或 80∶20，生产中可按牛只的实际体重每 100kg 喂给精料 1.1~1.5kg。粗料自由采食，日增重可达到 1.2~1.5kg。这一时期的育肥常称为强度育肥。为了让牛能够把大量精料吃掉，这一时期可以增加饲喂次数，原来喂 2 次的可以增加到 3 次。保证充足饮水。

4. 成年牛如何育肥？

用于育肥的成年牛大多是役牛、乳牛和肉用母牛群中的淘汰牛，一般年龄较大，产肉率低，肉质差，经过短期催肥，可提高屠宰率及净肉率，改善肉的味道，经济价值大为提高。

育肥前要对牛进行全面的健康检查，病牛应治愈后育肥；治疗无效的严重疾病牛、过老且采食困难的牛不必育肥，否则浪费饲料；公牛要育肥前 10d 去势。育肥期以 90~120d 为宜，应根据膘情灵活掌握育肥期长短。膘情差的瘦牛，先用低营养日粮，过一段时间后调整到高营养水平再育肥，按增膘程度调整日粮。实际生产中，在恢复膘情期间（即育肥第 1 个月）往往增重很快。有草坡的地方，可先行放牧育肥 1~2 个月，再舍饲育肥 1 个月。育肥方案参考下表。

成年牛育肥方案

时间(d)	体重(kg)	日增重(kg)	精料(kg/d)	糟渣(kg/d)	玉米青贮(kg/d)	胡萝卜(kg/d)	干草
0~30	600~618	0.6	2.0~2.5	6.0	9.0	2.0	自由采食
31~60	618~648	1.0	5.7~6.0	9.0	6.0	2.0	自由采食
61~90	648~685	1.2	8.0~9.0	12.0	3.0	2.0	自由采食

5. 如何利用非常规饲料育肥肉牛？

非常规饲料是一类畜禽可饲用的物质资源。一般来讲，非常规饲料原料是指在配方中较少使用，或者对营养特性和饲用价值了解较少的那些饲料原料。非常规饲料原料是区别于传统日粮习惯使用的原料或典型配方所使用原料的一类饲料原料。部分非常规饲料从营养角度来看，有较高的营养价值，可补充家畜所需的蛋白质、矿物质、微量元素等。同时，用非常规饲料来代替部分常规饲料，又可降低饲料成本，获得可观的经济价值。

常见的非常规饲料资源如下。

（1）农作物秸秆、秕壳。我国每年的秸秆与秕壳产量十分巨大。这类饲料主要包括水稻秸秆和秕壳、小麦秸秆和秕壳、玉米秸秆和玉米芯、高粱秸秆和秕壳、谷子秸秆和秕壳、大豆秸秆和荚壳、薯干、薯秧、花生蔓等。

（2）林业副产物。主要包括树叶、树籽、嫩枝和木材加工下脚料。且采摘的槐树叶、榆树叶、松树针等蛋白质含量一般占干物质的25%~29%，是很好的蛋白质补充料。同时，还含有大量的维生素和生物激素。树叶可直接饲喂畜禽，而嫩枝、木材加工下脚料可通过青贮、发酵、糖化、膨化、水解等处理方式加以利用。

（3）糟渣、废液类饲料。糟渣主要包括酒糟、酱油糟、醋糟、玉米淀粉工业下脚料、粉丝尾水、果酒、柠檬酸滤渣、糖蜜、甜菜渣、甘蔗渣、菌糠等；废液主要指味精、造纸、淀粉工业、酒精、柠檬酸废液等。菌糠、粉浆蛋白、全价干酒精、啤酒酵母等可作为蛋白质饲料；酒糟、甜菜渣、饴糖糟、柠檬酸渣、某些药酒、废糖蜜等可做能量饲料；纤维含量高的甜菜粕、果酒、甘蔗渣、柠檬酸渣等可作为反刍动物的饲料。而糖蜜可发酵生产赖氨酸，造纸废渣、味精废液、淀粉渣等渣液可用来生产单细胞蛋白饲料。

(4) 非常规植物饼粕类。主要有芝麻饼、花生饼、向日葵饼、胡麻籽饼、油茶饼、菜籽饼、橡胶籽饼、油棕饼、椰子饼等。对于花生饼、芝麻饼、向日葵饼以及橡胶仁饼等不含毒素的饼粕，可直接作为蛋白质饲料；而油茶籽、茶籽饼粕等因含毒素需经水解、膨化、酸碱处理、发酵等方法脱毒后再利用。

(5) 动物性下脚料。主要指屠宰场下脚料、皮革工业下脚料、水产品加工厂下脚料、昆虫等动物性饲料资源，这些资源可依其组成分为动物蛋白质资源和动物矿物质资源两类。前者主要包括血粉、猪毛水解粉、蹄壳、制革下脚料、羽毛粉、肉骨粉、蚕蛹、蚯蚓等；后者包括骨粉、贝壳粉和蛋壳粉等。动物性蛋白质资源常用发酵法、酶化法、热喷法、膨化法等方式处理后再利用。

(6) 粪便再生饲料资源。一般指畜禽排出的粪便中仍含有一定的营养物质，经过适当地处理调制成新的饲料，主要包括鸡、猪、牛粪等。鸡粪中不仅蛋白质含量高，氨基酸组成较完善，而且含有 B 族维生素、矿物质。且可通过热喷、发酵、干燥等方法加工处理，以减少有害微生物，防止有机物降解过快。猪、牛粪等相对鸡粪营养价值较低，但同样可以通过发酵作为畜禽饲料。

(7) 矿物质饲料。指能提供多种矿物质元素，促进动物机体新陈代谢，且无毒害的天然矿物。常用的有天然沸石、麦饭石、膨润土、泥炭等。它们可以作为矿物质添加剂来饲喂畜禽。

由于非常规饲料原料营养浓度低，营养不平衡，营养成分不稳定，含有抗营养因子或毒素，适口性差，表观商品价值低，饲料营养数据不全或不准确等特点。因此，我国对非常规饲料的开发利用中存在很多问题，需要逐步完善。

6. 育肥牛怎样科学管理?

① 饲料配方应根据牛的育肥阶段、体重和饲料情况来制定。

② 肉牛按体重、大小、强弱等分群饲养，定时、定量按要求

饲喂。

③ 严禁饲喂发霉变质的草料；饲料中不能混有铁丝、铁钉等异物。

④ 保持牛舍清洁卫生、干燥、安静。搞好环境卫生，经常刷拭牛体，保持体表干净，特别是春秋季节要预防体外寄生虫的发生，否则影响育肥牛增重。圈舍要勤换垫草、勤清粪便。保持舍内空气清新。夏季防暑，冬季防寒。

⑤ 育肥期间应减少牛只的运动，以利于提高增重。

⑥ 注意饮水卫生，要保证充足、清洁的饮水，自由饮水。冬春季节水温不低于10℃。

⑦ 实施卫生防疫措施。育肥前要进行驱虫和疫病防治，定期做好疫苗注射、防疫保健工作。育肥过程中要勤检查、细观察，发现异常及时处理。

⑧ 及时出栏或屠宰。每出栏一批牛，要对牛舍进行彻底的清扫和消毒。

第六节　高档牛肉的生产

1. 什么是高档牛肉?

高档牛肉就是指制作国际高档食品的上乘牛肉，要求肌纤维细嫩，肌间有一定量的脂肪，所制作食品既不油腻，也不干燥，鲜嫩可口。

2. 高档牛肉应具备的主要指标是什么?

（1）优良的品种。我国目前尚无专门化肉牛品种。育肥高档肉牛最好挑选国外肉牛品种公牛与本地黄牛杂交的一代公牛。杂交一代肉牛具有较强的杂种优势，体格大，生长快，增重高，牛肉品质优良，优质肉块比例较高。

（2）活牛。健康无病的各类杂交牛或良种黄牛，肉牛年龄30月龄以内；屠宰前活重550kg以上，膘情上等（看不到骨头突出点）；尾根下平坦无沟，背平宽，手触摸肩部、胸垂部、背腰部、上腹部、臀部，皮较厚，并有较厚的脂肪层。

（3）胴体。胴体外形完整，无严重缺损；胴体表覆盖的脂肪颜色洁白而有光泽，质地坚硬；胴体体表覆盖率80%以上，12~13肋骨处脂肪厚度10~20mm，净肉率52%以上。

（4）牛肉品质。

① 牛肉嫩度：肌肉剪切仪测定的剪切值3.62kg以下，出现次数应该在65%以上；咀嚼容易，不留残渣，不塞牙；完全解冻的肉块，用手指触摸时，手指易进入肉块深部。

② 大理石花纹：根据我国试行的大理石花纹分组标准（1级最好，6级最差）应为1级或2级。

③ 肉块重量：每条牛柳重2.0kg以上；每条西冷5.0kg以上，每块眼肉重6.0kg以上；大米龙、小米龙、膝园、腰肉、臀肉和犍子肉等质优量多。

（5）多汁性。牛肉质地松弛、多汁色鲜，风味浓香。

（6）烹调。符合西餐烹调要求，国内用户烹调信用满意。

3. 生产高档牛肉必须具备的条件是什么？

① 有稳定的销售渠道，牛肉售价较高；

② 有优良的架子牛来源（或牛源基地）；

③ 具备肉牛自由采食、自由饮水或拴系舍饲的科学饲养设备；

④ 有较高水平的技术人员；

⑤ 有优良丰富的草料资源；

⑥ 有配套的屠宰、胴体处理、分割包装贮藏设施。

4. 生产高档牛肉的牛品种有哪些？

根据各方面资料显示，生产高档牛肉的牛品种为：红安格斯×本地牛杂交后代，利木赞或皮埃蒙特牛×本地牛杂交后代，夏洛莱牛或西门塔尔牛×本地牛杂交后代，及我国良种牛（如南阳黄牛、晋南牛、秦川牛、鲁西黄牛等）。

5. 怎样选择育肥牛？

生产高档牛肉以阉牛肥育为最好（母牛也可以），12~16月龄，体重300kg左右，长方形体形、丰满的臀部、头大蹄阔、颈部短粗的牛肥育效果较佳。

6. 如何掌握高档牛肉肥育期?

依据牛的生长发育规律和生产高档牛肉可利用的因素，生产高档牛肉最佳开始育肥年龄12~16月龄，终止育肥年龄为24~27月龄较适宜。30月龄以上牛只不宜肥育生产高档牛肉。

7. 生产高档牛肉可供参考的日粮配方有哪些?

配方1（适应于牛体重300kg）：精料4~5kg/d·头（玉米50.8%、麸皮24.7%、棉粕22.0%、磷酸氢钙0.3%、石粉0.2%、食盐1%、小苏打0.5%，预混料适量）；谷草或玉米秸3~4kg/d·头。

配方2（适应于牛体重400kg）：精料5~7kg/d·头（玉米51.3%、大麦21.3%、麸皮14.7%、棉粕10.3%、磷酸氢钙0.14%、石粉0.26%、食盐1.5%、小苏打0.5%，预混料适量）；谷草或玉米秸5~6kg/d·头。

配方3（适应于牛体重450kg）：精料6~8kg/d·头（玉米56.6%、大麦20.7%、麸皮14.2%、豆饼12%、油脂1%、磷酸氢钙1.2%、小苏打0.3%~0.5%，添加剂1%~2%），谷草或玉米秸5~6kg/d·头。

配方4（适用于牛体重450~500kg，主要用于肉质改善）：精料6~8kg/d·头（玉米82%~83%、大麦20.7%、麸皮14.2%、棉粕6.3%、石粉0.2%、食盐1.5%、小苏打0.5%，预混料适量），玉米秸5~6kg/d·头。

8. 我国牛肉消费处于什么消费水平? 我国高档牛肉的消费市场潜力有多大?

目前，中国牛肉消费量仅次于美国和欧盟，是世界第三的牛肉消费大国。近年来，随着我国居民收入的增长以及膳食结构的调整，牛肉消费量持续增长。从消费区域上看，华东市场是鲜牛肉消费的主力区，占全国鲜牛肉消费的35%左右，而西南、西北地区由于低基数消费量增速最快；从整个肉类消费比例上看，1980年，人均牛肉消费量占整个肉类消费量的比例约为2.24%，到2011年已增加至

7. 27%，猪肉消费比例下降，牛肉、羊肉、禽肉等均呈现增长趋势，牛肉消费比例的增长位居所有肉类消费之首；从中国牛肉市场消费量来看，1995 年牛肉消费量 405. 1 万 t，人均消费 3. 34kg，2015 年达到 749. 6 万 t，人均消费 5. 45kg。2013 年中国人均牛肉年消费为 5. 23kg，小于世界平均水平 9. 32kg，远远小于巴西和美国的 39. 25kg 和 36. 24kg。虽然中国牛肉消费总量大且保持增长，但从人均牛肉消费来看依然远远小于世界平均水平。

在我国，约有 1 亿人以牛羊肉为主要肉类来源，由于消费习惯、收入水平等影响，决定了我国目前消费的牛肉主要以中低档牛肉为主。随着人们生活水平的提高，对牛肉的消费需求也不断增加，对牛肉产品也有了不同层次的消费需求。而中国肉牛产业经过多年发展，产业不断升级，养殖模式也由原来以役牛为主的农户分散养殖，发展到现在的优选肉牛品种、分散饲养与规模化集中育肥相结合的多层次肉牛产业体系。消费的增长和多样化与养殖模式的多样化使得高档牛肉逐渐从整个牛肉产业中凸显出来。牛肉价格尤其是高档牛肉价格持续攀升，未来中国高档牛肉的消费市场潜力还有较大的增长空间。

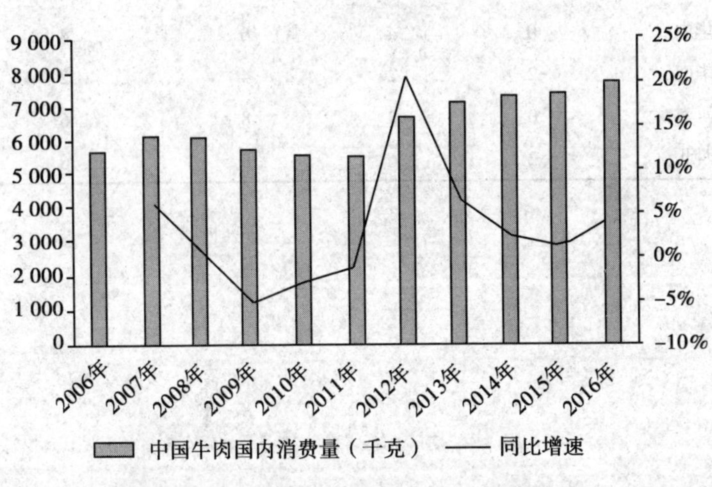

2006—2016 年中国国内牛肉消费量

2014年中国区域鲜牛肉消费量（单位：%）

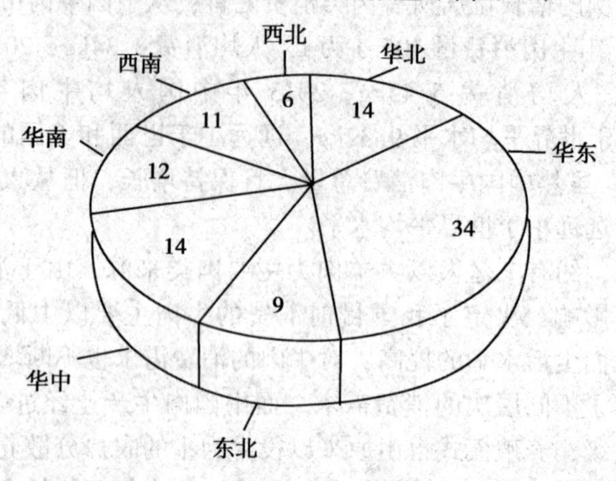

2011—2014 年中国区域消费增速 （单位：%）

	2011 年	2012 年	2013 年	2014 年
华北	−2	4	6	3
华东	−1	3	4	3
东北	−1	4	7	4
华中	0	4	6	4
华南	−2	2	4	2
西南	0	3	8	6
西北	−2	6	8	6

第七章　疫病防控

第一节　牛中毒性疾病防治

1. 如何防治棉籽饼中毒?

病因：棉籽饼是一种富含蛋白质的良好饲料，但其中含有毒物质棉酚，如果未经脱酚或调制不当，大量或长期饲喂可引起中毒。

症状：长期以棉籽饼喂牛时，可使牛出现维生素A和钙缺乏症，表现为食欲减退，消化系统紊乱，尿频、尿淋漓或形成尿道结石，使牛不能排尿。用棉籽饼喂牛5~6个月，可引起牛的夜盲症。若一次喂给大量的棉籽饼，可引起牛的急性中毒。病牛出现食欲不振，反刍减弱或停止，瘤胃内充盈，蠕动弛缓，排粪量少而干，患病后期牛可能拉稀粪，排尿时可能带血，尿液呈红褐色，呼吸急促等症状。病牛眼窝下陷，皮肤弹性下降，严重脱水和明显消瘦，有的出现视觉障碍，怀孕母牛常生瞎犊或流产。

治疗：消除致病因素，停止饲喂棉籽饼，用0.1%高锰酸钾洗胃，也可用5%苏打溶液洗胃。将硫酸镁或硫酸钠300~500g溶于2 000~3 000mL水中，给牛灌服，以促使牛加快排泄。对发病的牛增喂青绿饲草及胡萝卜，有助于病牛的康复。注意棉饼类饲料的喂量不应超过奶牛日粮的25%，喂2周后间隔1周再喂；并注意在日粮中加能量合剂、维生素、矿物质及青绿饲料，以提高牛对棉酚的耐受力和解毒力。

预防：限量限期饲喂棉籽饼，防止一次过食或长期饲喂。饲料必须多样化。用棉籽饼作饲料时，要加温到80~85℃并保持3~4h以上，弃去上面的漂浮物，冷却后再饲喂。也可将棉籽饼用1%氢氧化钙溶液或2%熟石灰水或0.1%硫酸亚铁溶液浸泡1昼夜，然后用清水洗后再喂。牛每天饲喂量不超过1.5kg，犊牛最好不喂。霉败变质的棉籽饼不能用作饲料。

2. 如何防治牛有机磷中毒?

病因：是因牛采食了喷洒有机磷杀虫剂的农作物、牧草和青菜，或误食了拌过有机磷杀虫剂的种子，或用敌百虫、乐果等防治吸血昆虫和驱除体内寄生虫时，用量过大或使用方法不当所致。

症状：中毒后，牛狂暴不安，可视黏膜淡染或发绀。流口水，流泪，鼻液增多，反刍、嗳气停止。瘤胃臌气，腹痛，呻吟，磨牙，不时排泄软稀便、水样便。粪便中混有黏液和血液。尿频，出汗，呼吸困难。瞳孔缩小，视力减退或丧失，眼睑、面部肌肉及全身发生震颤，最后从头到全身发生强直性痉挛，步态强拘，共济失调。病后期体温升高，惊厥，昏迷，大量出汗，心跳加快，呼吸肌麻痹，死于心力衰竭。

治疗：如经皮肤沾染中毒，尽快应用1%肥皂水或4%碳酸氢钠液（敌百虫中毒除外）洗涤体表，对误饮或误食有机磷杀虫剂的患牛，用2%~3%碳酸氢钠液或生理盐水洗胃，并灌服活性炭。用解磷定每千克体重20~50mg静脉注射；同时用阿托品每千克体重0.5mg，以总剂量的1/4溶于5%含水量糖盐水中，静脉注射，其余的剂量分别肌内注射和皮下注射，经1~2h后症状未减轻时，可减量重复应用。此后应每隔3~4h皮下或肌内注射一般剂量的阿托品。还可用双解磷，首次用量为3~6g，溶于适量5%葡萄糖或生理盐水中，静脉注射或肌内注射，以后每隔2h用药一次，但剂量减半。在应用特效解毒药的同时或其后，采取对症治疗。

预防：用农药处理过的种子和配好的农药溶液不得随便乱放，配制及喷洒农药的器具要妥善保管；喷洒农药最好在早晚无风时进行；喷洒过农药的地方，1个月内禁止放牧或割草；不滥用农药来驱杀牛体表寄生虫。

3. 如何治疗牛马铃薯中毒?

病因：冬末春初，由于青绿饲料缺乏，有些农户将腐烂或发芽的马铃薯喂牛，常造成牛中毒死亡事故。

症状：马铃薯中毒的主要症状是神经系统和消化系统机能混乱，中毒程度不同，其临床症状各异。重度中毒：患牛呈现明显的神经症状。病初兴奋不安，表现狂暴，向前猛冲直撞，后转为沉郁，后躯衰弱无力，运动障碍，步态摇摆，可视黏膜发绀，呼吸无力，心脏衰弱，瞳孔散大，全身痉挛，1~2d 内死亡。轻度中毒：多呈慢性经过，病牛呈现明显的胃肠炎症状。病初食欲减少。瘤胃蠕动微弱，反刍废绝，口腔黏膜肿胀，流涎，呕吐，便秘；当胃肠炎急剧时，出现剧烈腹泻，粪便中混有血液，患牛精神沉郁，肌肉弛缓，极度衰弱，体温时有升高，肛门、尾根、四肢内侧和乳房等部位发生皮疹，口角周围发生水疱性皮炎。

治疗：清除胃肠道有毒物质，制止有毒物质吸收扩散。用 25% 高锰酸钾溶液1 000mL 洗胃或灌肠。改善血液循环，加强解毒功能。用 10%葡萄糖2 000mL、10%苯甲酸钠咖啡因 20mL、维生素 C 20mL、硫酸镁 100mL，混合 1 次静脉注射，每日 2 次。

4. 如何防治牛砷中毒?

病因：可引起牛中毒的砷剂有路易氏气毒剂和作为杀虫剂或灭鼠剂的含砷农药。后者常用的有 10 多种，按其毒性大小分为 3 类：剧毒的，有三氧化二砷（砒霜）、亚砷酸钠和砷酸钙；强毒的，有砷酸铅、退菌特；低毒的，有巴黎绿（乙酰亚砷酸铜）、甲基硫胂（苏化 911，苏阿仁）、四基胂酸钙（稻定）、胂铁铵和甲胂钠等。此外，砷化物常作为药用，如九一四、雄黄等。引起牛砷中毒的原因，一是误食了含有这些农药、毒药的种子、青草、蔬菜、农作物或毒饵；二是应用砷制剂治疗方法不当或剂量过大等。

症状：急性中毒时，流口水，腹痛，腹泻，粪便混有黏液、血液等，恶臭。食欲废绝，饮欲增加，尿血。脉搏细弱，呼吸急迫。后期常有肌肉震颤、运动失调，瞳孔散大，最后昏迷死亡。慢性中毒时，病牛精神沉郁，食欲减退，营养不良，被毛粗乱，缺乏光泽，容易脱毛，眼睑水肿，口腔黏膜红肿。持续腹泻，久治不愈。

治疗：一旦发现牛砷中毒，及时用5%二巯基丙磺酸钠液按每千克体重5~8mg，肌内注射或静脉注射，第一天3~4次，第二天2~3次，第三至七天1~2次，1周为一疗程。停药数日后，可再进行下一疗程。也可用5%~10%二巯基丁二酸钠液，每千克体重20mg，静脉缓慢注射，每天3~4次，连续3~5d为一疗程，停药几天后，再进行下一疗程。还可用10%二巯基丙醇液，首次每千克体重5mg，肌内注射，以后每隔4~6h注射1次，剂量减半，直到痊愈。为防止毒物吸收，用2%氧化镁反复洗胃，接着灌服牛奶或鸡蛋清水2~3kg，或硫代硫酸钠25~50克灌服，稍后再灌服缓泻剂。同时，进行补液、强心、保肝、利尿等对症治疗。

预防：严格毒物保管，防止含砷农药污染饲料或饮水，并避免牛误食。应用砷剂进行治疗时，要严格控制剂量，外用时防止牛舔吮。喷洒含砷农药的农作物或牧草，至少30d内禁止饲用。

5. 如何防治酒糟中毒?

病因：酒糟是酿酒工业的副产品。由于酒糟具有质地柔软，气味酒香、可口，适口性极好，为养牛业最好的饲料来源。往往因饲喂不当，长期饲喂或突然大量饲喂，常会引起牛食后中毒现象。中毒发生的主要原因是饲喂不当、日粮不平衡所致。常见于饲料单纯、品种少、质量低劣，日粮中只能用酒糟代替其他饲料，造成长期过量饲喂。

症状：急性中毒，病牛食欲废绝，心搏增快，脉搏微细，腹泻或排出恶臭黏性粪便，脱水，眼窝凹陷，兴奋不安，共济失调，步态不稳，四肢无力，卧地不起。慢性中毒，病牛呈现出顽固性的前胃弛缓，食欲不振，瘤胃蠕动微弱，由于酸性产物在体内的蓄积，致使矿物质吸收紊乱而导致缺钙现象，母牛屡配不孕、流产和骨质疏松，腹泻，消瘦。后肢系部皮肤肿胀、潮红，形成疮疹。水疱破裂出现溃疡面，上覆痂皮。患部经细菌感染，引起化脓或坏死，疼痛，跛行，或卧地不起。根据有饲喂酒糟的病史、类似酸中毒脱水、腹泻、共济失调的症状表现，剖检有广泛性的胃肠道出血，可以初步诊断。还可以用相同酒糟饲喂，以观察试验动物发病情况而确诊。

治疗：首先应停喂酒糟，给予优质干草。药物治疗的原则是补充体液，缓解脱水；补碱以缓解酸中毒。

① 碳酸氢钠 100~150g，加水适量 1 次灌服。也可用 1%碳酸氢钠溶液冲洗口腔或灌肠。

② 5%葡萄糖生理盐水 1 500~3 000mL、25%葡萄糖溶液 500mL、5%碳酸氢钠液 500~1 000mL 时，1 次静脉注射。当患畜脱水有所好转，可用 10%葡萄糖酸钙液 500~1 000mL、20%葡萄糖溶液 500mL，1 次静脉注射。

③ 甘露醇或山梨醇注射液 300~500mL，1 次静脉注射，可起到镇静作用。

④ 对症治疗应视机体表现进行，可用抗生素、强心液、维生素治疗。

预防：酒糟应喂新鲜的，不能贮放过久；贮存时应摊开，要注意保管，防止霉败变质。日粮要平衡，严格控制酒糟喂量，每天喂量以 5~10kg 为宜，并应保证有足够的优质干草进食量。随时检查酒糟的质量，观察其有无发霉变质，轻微酸败，可加入石灰水、碳酸氢钠中和后再喂。已经发生严重霉败酒糟，应坚决废弃，严禁饲喂。为了防止酸性物质对钙的吸收影响，饲料中应补充磷酸三钙、碳酸氢钠等物质。

6. 如何防治牛亚硝酸盐中毒?

病因：该病是富含硝酸盐的饲料在饲喂前的调制中或采食后的瘤胃内产生大量亚硝酸盐，造成高铁血红蛋白血症，导致组织缺氧而引起的中毒。富含硝酸盐的饲料有燕麦草、苜蓿、甜菜叶、包心菜、白菜、野苋菜、菠菜、大麦、黑麦、燕麦、高粱、玉米等。

症状：凡是连续几天或更长时间饲喂富含硝酸盐饲草和饲料的牛，多数在无任何征兆情况下突然发病，精神沉郁，茫然呆立，不爱走动，运动时步态不稳。反刍停止，瘤胃臌气。流涎、磨牙、呻吟、腹痛、腹泻。重症者，全身肌肉震颤，四肢无力，卧地不起，体温降低，呼吸浅表、促迫。心跳加快，脉搏每分钟170次以上。颈静脉怒张，可视黏膜发绀，乳房和乳头淡紫或苍白，孕牛多发生流产。发生虚脱后1~2h内死亡。

治疗：立即用1%美蓝（亚甲蓝）液，按每千克体重20mg静脉注射。也可用5%甲苯胺蓝液，按每千克体重5mg静脉或肌内注射；或用5%维生素C液60~100mL，静脉注射。此外，还可用尼克刹米、樟脑油等药物进行对症治疗，瘤胃内投入大量抗生素和大量饮水，可阻止细菌对硝酸盐的还原作用。

预防：在种植饲草或饲料的土地上，限制施用家畜的粪尿和氮肥。严格控制饲喂含有硝酸盐的饲草和饲料，或只饲喂硝酸盐含量低的作物或谷实部分。病牛或体质虚弱犊应禁止喂这类饲草、饲料。给奶牛饲喂富含碳水化合物成分的饲料，并添加碘盐和维生素A、维生素D制剂。也可用四环素饲料添加剂，按每千克体重30~40mg，或金霉素饲料添加剂，每千克体重22mg，添加于饲料中，可在两周内有效地控制硝酸盐转化成亚硝酸盐的速度。

7. 如何防治牛有机氯农药中毒?

病因：牛有机氯农药中毒主要是由于采食喷洒过该类农药不久的作物、麦草和蔬菜类植物而引起。另外，防治牛体外寄生虫时，杀虫药物浓度过高，涂擦面积过大，经皮肤吸收，或牛群间相互舐食也可发生中毒。

症状：急性中毒时，牛兴奋不安，感觉过敏，体温升高，可视黏膜潮红，流涎，腹泻，肘部肌肉震颤，眼睑闪动，起卧不安，共济失调，阵发性全身痉挛，角弓反张，空嚼，磨牙，口吐白沫。反复发作，间隙期越来越短，病情逐渐加重，最后因呼吸中枢衰竭而死亡。慢性中毒时，精神沉郁，食欲减退，逐渐消瘦，全身乏力，肌肉震颤，后肢麻痹。

治疗：经皮肤吸收中毒时，可用清水或1%~4%碳酸氢钠液彻底清洗牛体。如误食六六六、滴滴涕，用1%~4%碳酸氢钠液洗胃；若为艾氏剂中毒，用0.1%高锰酸钾液或过氧化氢液洗胃。还可用人工盐200~300g、硫酸镁500~1 000g，加常水配成5%~8%溶液灌肠，以清除胃肠内容物。为增强机体抗病力，可静脉注射葡萄糖、碳酸氢钠等。为缓解神经兴奋性痉挛，可用氯丙嗪，每千克体重 1～2mg，肌内注射。

预防：应加强对有机氯农药的保管，防止污染牧场和被牛误食。严禁在喷洒过有机氯杀虫剂的地区放牧。喷洒过有机氯杀虫剂的农作物、蔬菜和牧草，应过一个半月后再饲喂。

8. 如何防治牛氢氰酸中毒？

病因：由于牛采食或饲喂含有氰苷配糖体的植物及其籽实引起，在临床上以呼吸困难、震颤、痉挛和突发死亡等为特征的中毒性缺氧综合征。本病在牛类家畜多有发生，死亡率较高。

症状：本病几乎都是以急性经过，在临床上以痉挛性强直和呼吸困难等症状为主征。在采食或饲喂过后 20～60min 即可发病。其症状按其经过分为初、中和后期三个阶段。

初期阶段：病牛不安，肌肉震颤，呻吟，步态踉跄，共济失调，多摔倒在地不能起立。

中期阶段：发生于采食或饲喂过后 2～3h，病牛食欲废绝，反刍、嗳气停止，瘤胃蠕动大大减弱。同时出现全身强直性痉挛症状，如牙关紧闭，反射机能亢进和角弓反张等。呼吸促迫（张嘴伸舌呼吸），心搏动强盛，心跳加快（120～150 次/min），心音不清（混浊），节律不齐，体温升高，知觉丧失。泌乳性能明显降低。

后期阶段：呈高度呼吸困难，从口角流出大量泡沫状涎水，肛门松弛，排粪失禁，尿淋漓，胸背部出汗，皮温不稳，瞳孔散大，结局多窒息（死亡）。

治疗：本病的特效解毒药，常用的有亚硝酸钠、美蓝和硫代硫酸钠。将亚硝酸钠 3g，硫代硫酸钠 20～30g，溶于蒸馏水 300mL 中溶解制成注射液，1 次静脉注射，必要时可重复注射，剂量适宜则疗效显著。应用美蓝、维生素 C、硫胺素和维生素 B_{12} 等制剂，也有一定效果。

预防：在放牧饲养牛群，对生长含有氰苷配糖体的植物性草场，尤其是处于萌发新嫩叶芽时期，以及收割后高粱、玉米等再生苗生长土地上严禁放牧。对可疑含有氰苷配糖体的青嫩牧草或饲料，宜经过流水浸渍（24h 以上）或漂洗加工后再用作饲草或饲料，尤其对亚麻籽饼必须经过煮沸加工才能充作精料，饲喂牛群较为安全。

9. 如何防治尿素及非蛋白氮中毒？

病因：尿素及非蛋白氮中毒是由于饲喂饲料中的尿素及非蛋白氮化合物添加剂后，在瘤胃内释放大量的氨所引起，在临床上是以强直性痉挛和呼吸困难等为特征的中毒性疾病。尿素为一种非蛋白质含氮物，可作为反刍动物的饲料添加剂使用，但若补饲不当或用量过大，则可导致中毒。发病常因尿素保管不当，被牛大量偷食，或误作食盐使用所致。此外，用尿素喂牛的量，成年牛应控制在每天 200~300g，且在饲喂时，尿素的喂量应逐渐增多，若初次即突然按规定的量喂牛，则易发生牛尿素中毒。此外，在喷洒了尿素的草场上放牧、含氮量较高的化肥（如硝酸铵、硫酸铵等）保管不善被牛误食。日粮中豆科饲料比例过大，肝功能紊乱等，可成为发病的诱因。

症状：牛过量采食尿素后 30~60min 即可发病，病初表现不安，呻吟，流涎，口炎，整个口唇周围沾满唾液和泡沫。肌肉震颤，体躯摇晃，步态不稳。瘤胃蠕动减弱，臌气，全身强直性痉挛。呼吸困难，阵发性咳嗽，肺部听诊有显著的湿啰音。脉搏增数，心跳加快。病末期，患牛高度呼吸困难，从口角流出大量泡沫样口水，肛门松弛，排粪失禁，尿淋漓，皮温不整，瞳孔散大，最后窒息死亡。

治疗：可立即灌服 1%~3%醋酸3 000mL，糖 250~500g，常水1 000mL，或食醋 500mL，加水1 000mL，内服。也可用 10%葡萄糖酸钙 200~400mL，或 10%硫代硫酸钠液 100~200mL，静脉注射。另外可用樟脑磺酸钠注射液 10~20mL，皮下或肌内注射进行强心；三溴合剂 200~300mL，灌服进行镇静。对瘤胃臌气的病牛，可进行瘤胃穿刺放气。继发上呼吸道、肺感染的病牛，可用抗生素治疗。

预防：在饲喂尿素等饲料添加剂的牛群，正确控制用量，以不超过日粮干物质总量的 1%或精料干物质的 2%~3%。同时，在饲喂方法上宜由小剂量逐渐增大剂量，并不要间断饲喂为原则，使瘤胃内原生动物有习惯或适应过程。也不要单独饲喂尿素等饲料添加剂，应与富有糖类饲料混饲，但要严禁饲喂富有蛋白质类的大豆或豆饼等精料。在饲喂时也不宜用水溶解，甚至在饲喂尿素等饲料添加剂后0.5h内也不宜饮水，以避免尿素过快地分解，引发中毒。在与其他饲料混合时要求调拌均匀，尤其在制作青贮过程中添加尿素更要注意拌匀问题。对化肥尿素等保管、使用，要制定制度，专人负责，做到不使牛误食发生中毒。

10. 如何防治肉牛食盐中毒病?

症状： 患牛初期精神兴奋、烦躁不安、饮欲增加、食欲减退或废绝，反刍停止、流涎、咽部黏膜潮红、发炎、溃疡、吞咽困难、腹痛腹泻，腹部胀气、膨大，后期知觉迟钝，四肢麻痹，不断跌倒，站立不起而倒地死亡。皮下和骨骼肌水肿，肺充血、水肿，胃肠黏膜潮红肿胀、出血，整个肠道出血、充血明显，肠道内有稀软带血粪便，膀胱黏膜充血。

治疗： ① 停止补盐，给予充足饮水；② 静注5%葡萄糖酸钙溶液200~400mg；③ 25%硫酸镁溶液15~25mg；④ 配合25%葡萄糖、维生素C静脉注射；⑤ 喂维生素、微量元素等添加剂。

第二节　牛传染病的防治

1. 如何防治牛口蹄疫?

病因： 口蹄疫是由口蹄疫病毒引起的一种急性、热性、高度接触性传染病，主要侵害偶蹄兽。本病具有高度传染性，病毒对外界的抵抗力比较强，很容易造成大的流行。目前有7个血清型（O、A、C、SAT1、SAT2、SAT3、Asia1）、65个亚型。各型之间在临诊表现方面相同，但彼此无交叉免疫性。亚型内各毒株之间也有明显的抗原差异。病毒的这种特性，给本病的检疫、防疫带来很大困难。病毒对外界环境抵抗很强。在自然情况下，含病毒的组织和污染的饲料、饲草、皮毛及土壤等可保持传染性达数周至数月之久。对高温和碱抵抗力较弱，在直射阳光下，病毒经60min可以死亡。煮沸3min即可被杀死。2%的热火碱水或0.5%的过氧乙酸液有良好的消毒效果。我国已发现的口蹄疫病毒有O型、A型和亚洲I型3个血清型。病牛和带毒牛是引起口蹄疫的传染源，但是在农区和半农半牧区，有时羊和猪也起很大的传播作用。羊感染后症状和病变不像牛那样明显，容易被忽视，但它可成为病毒的保存者。猪感染后往往病毒毒力增强，排出病毒的数量也增多，因此在疾病流行中的作用更大。病牛的水疱皮、水疱液中病毒含量最高，口水、眼泪、奶、粪便和尿中也含有病毒。病毒排出后污染牧场、饲草、饲料、饮水、空气、交通工具、圈舍等，健康牛接触后可感染，病牛和健康牛直接接触可引起疾病播散。病毒主要是通过消化道、呼吸道，也可通过破损的皮肤和黏膜进入牛体内。大风可造成病毒的远距离跳跃式传播。

症状：临诊以口腔（舌、唇、颊、龈和腭）黏膜和嘴、蹄、乳头和乳房皮肤上形成水疱和糜烂为特征。潜伏期一般为2~4d，最长的7d左右。病牛体温升高达40~41℃，食欲减退，流出较多的口水，咀嚼和吞咽困难，呆立无神。1~2d后，在唇和面颊的黏膜、舌面和舌的两侧、齿龈、硬腭、齿垫等处形成水疱，大小不等，最大的可达鸡蛋大。水疱内最初是无色或淡黄色的液体，后变混浊，呈灰白色。1~3d后，水疱破裂后形成浅表的糜烂，边缘不整齐，此时病牛体温可恢复正常。有些牛在鼻盘（鼻镜）上可能也出现水疱。检查病牛的蹄部，可见皮肤肿胀、疼痛和发热。在口腔水疱出现的同时或不久，蹄冠和蹄趾间的柔软皮肤上也出现水疱，大小不等，早期为澄清的液体，后变混浊，破溃后流出液体可以和污泥形成痂块。蹄冠部糜烂继发细菌感染的病牛，严重者可引起牛的蹄匣脱落。病牛的乳房皮肤上也可出现水疱。本病多为良性经过，病程1周左右，死亡率较低，不超过1%~3%。但犊牛常发生恶性口蹄疫，死亡率可达20%~50%，致死的主要原因是变质性心肌炎。

防治：坚持预防为主，采取强制免疫、检疫、封锁、扑杀、消毒，强化疫情上报、疫情管理（五强制、两强化）。① 当有疑似口蹄疫发生时，除及早进行诊断外，应于当日向上级及有关部门报告。同时向有关单位送检病料，鉴定毒型，以便及时确诊，并针对毒型注射相应疫苗。② 划定疫区进行封锁。关于封锁的决定，应按封锁区域的大小，由上一级人民政府发布封锁令，进行封锁措施。③ 疫区和受威胁区普遍进行防疫注射，提高易感家畜对口蹄疫的特异性抵抗力。发生口蹄疫时，应立即用与当地流行的病毒型相同的口蹄疫弱毒疫苗，对病群、疫区和受威胁区的健康家畜进行紧急预防注射。注射后 14d 产生免疫力，免疫期 4~6 个月以上。④ 平时要积极地做好防疫工作，加强检疫，常发生本病的地区要对所有易感动物进行系统的疫苗注射，使用疫苗的病毒型必须和当地流行的口蹄疫病毒型一致，否则不能预防和控制口蹄疫的发生和流行。畜群的免疫状态则对流行的情势有着决定性的影响。

2. 如何防治牛流行性感冒？

病因：牛流感是由病毒引起的一种常见急性、热性传染病，多发于早春和深秋季节。该病是由于冬季受风、雪或贼风侵袭后而引起。主要症状是发烧、耳鼻俱凉，食欲减少或废绝，口流黏水，鼻流浆液，两眼流泪，结膜潮红、肿胀，四肢不稳、跛行。

症状：如果流感牛出现高热，咳嗽，流鼻涕，寒颤，发抖，呼吸加快等病症，须尽早隔离，抓紧治疗，用药愈早效果愈好。在肉牛感冒流行期间，要加大消毒力度，定期用能杀灭病菌和病毒的氯制剂、百毒杀等新型药物消毒。牛舍要注意保温，防止肉牛受贼风侵袭，禁止与发病牛接触；牛床勤铺勤换垫土，牛舍要保持卫生、干燥、不潮湿和通风好；注意让牛休息，保持安静勿惊扰。

治疗：① 肌内注射 FB 定 20~40mL，或肌内注射水剂青霉素 100 万~200 万单位，初病期可静脉注射生理盐水 350mL。② 炒熟谷子 500g 混食醋 250mL 1 次灌服，每天灌 1 次，连服 2~3 次。

预防：在感冒流行季节前，有条件的地方，如能用当地牛流感分离株血清的毒株制成灭活油苗，给牛接种，以获得预防牛流感的免疫保护，也是行之有效的方法。

3. 如何防治牛病毒性腹泻？

病因：该病简称牛黏膜病或牛病毒性腹泻，是由牛病毒性腹泻-黏膜病病毒引起的一种热性传染病。患病动物与带毒动物是本病的主要传染源。病畜的分泌物和排泄物中含有病毒，可通过直接或间接接触传染。流行特点是新疫区急性病例多，任何年龄的牛均可感染发病，死亡率高；老疫区急性病例少，死亡率低。本病常年发生，通常多发于冬末和春季。潜伏期 7~14d，多数是隐性感染，症状不明显。新生犊牛多表现为急性症状。

症状：急性型，发病突然，高热达 40.5~42℃，2~3d 内口腔各部位均出现散在的糜烂或溃疡，粪便呈水样、恶臭，含有大量的黏液和纤维素性伪膜，带有气泡和血液。不及时治疗 5~7d 死亡。慢性型，多数由急性型转来，病牛呈间歇性腹泻，进行性消瘦，慢性臌胀，蹄部变形，口腔和皮肤的慢性溃疡，贫血、白细胞减少，多数病牛于 2~6 个月内死亡。

治疗：无特效治疗方法，仅能用消化道收敛药及胃肠外输入电解质溶液的支持疗法。

预防：主要是采取综合性预防措施，一是对牛群进行定期检疫，淘汰阳性牛，对其污染的环境进行彻底消毒。二是进行免疫接种，疫苗有弱毒苗和灭活苗，母牛在配种前注射，免疫期为一年，可有效预防本病。

4. 如何防治牛流行热？

病因：牛流行热是牛在夏秋高温季节极易流行的一种急性、热性、接触性传染病，主要发生于壮年的黄牛和乳牛，黄牛易感性较强，哺乳母牛症状较严重，犊牛发病率较低。本病发病率高，短期内可使大批牛发病，但死亡率低，病死率不超过 1%，多数为良性经过。病牛是主要传染源，病毒主要通过吸血昆虫叮咬传播，在一定地区造成较大的流行。发病和气候有关，一般在炎热、潮湿、多雨水的夏秋季节多发。

症状：潜伏期 3~7d，突然发病，体温升高达 39.5~42.5℃。一般高热持续 2~3d 后降到正常。病牛眼睑水肿，眼结膜充血，怕光流泪。呼吸和心跳加快。食欲废绝，反刍停止，鼻分泌物增多，最初是稀薄浆液性的，以后变成黏液性。口腔发炎，口水多，呈泡沫状挂在口角。有些病牛四肢关节肿大、疼痛，躯干僵硬，站立和行走困难，最后卧地不起。有的便秘，有的腹泻，发热期间排尿减少，病牛产奶减少或停止，孕牛可发生流产或生出死胎。

治疗：目前还没有特效药，病初可试用退热药、强心药和输液疗法，也可用一些抗生素或磺胺类药来控制继发感染。

预防：一旦发现病牛，早隔离、早治疗，消灭吸血昆虫，对保护其他健康牛效果好。应用疫苗进行免疫注射，安全有效，在发病区可用于定期预防注射，也可用于疫区或受威胁区的紧急免疫注射。对于假定健康牛及受威胁牛群，可注射高免血清100~200mL，用于紧急预防。

5. 如何防治牛魏氏梭菌病？

病因：牛魏氏梭菌病又称为猝死症，是一种急性传染病，发病率不高，但死亡率高。引起该病的原因较多，但一般认为是由牛A型魏氏梭菌（又称产气荚膜杆菌）引起的。临床上以病牛突然死亡，消化道和实质器官出血为特征。大小奶牛都可能发病，但以犊牛、孕牛和高产牛多发病，死亡率70%~100%。一年四季均可发病，但以春秋两季为主。

症状：根据临床特征，将奶牛魏氏梭菌病分为最急性、急性和亚急性3型。

最急性型　无任何前驱症状，几分钟或1~2h突然死亡。有的奶牛头天晚上正常，第二天死在牛舍内。病牛死后腹部膨大，舌头脱出口外，口腔流出带有红色泡沫的液体。肛门外翻。

急性型　体温增高或正常，呼吸迫促，结膜发绀，口鼻流出白色或红色泡沫，全身肌肉震颤，行走不稳，狂叫倒地，四肢划动，最后死亡。

亚急性型　呈阵发性不安。发作时两耳竖立，两眼圆睁，表现出高度精神紧张，以后转为安静，如此周期性反复发作，最终死亡。

急性型和亚急性型除上述症状外，有的发生腹泻，排出多量黑红色、含黏液的恶臭粪便，有时排粪呈喷射状，病畜频频努责，里急后重。

病理变化：剖检以全身实质器官和小肠出血为特征。心脏肌肉变软，心房及心室外膜有出血斑点。肺气肿，有出血症状。肝脏呈紫黑色，表面有出血斑点，肠内容物为暗红色黏稠液体。淋巴结肿大出血、切面褐色。

治疗： 用抗牛魏氏梭菌高免血清或患魏氏梭菌病康复牛血清治疗有效。青霉素、链霉素、庆大霉素、红霉素、林可霉素和磺胺药对本病治疗有效。

预防： 加强饲养管理，注意卫生消毒。发生过本病或饲养环境不太好的奶牛饲养场户，可考虑进行魏氏梭菌疫苗免疫。免疫时间、剂量及方法要参照选用的魏氏梭菌疫苗说明书。

6. 如何防治牛伪狂犬病？

病因： 该病是由伪狂犬病病毒引起的一种家畜及野生动物的急性传染病。自然感染发生于牛、羊、犬、猫、猪、鼠及野生动物。病牛、带毒牛以及带毒鼠类为重要传染源，可经伤口、消化道、配种等途径直接接触传染，也可通过母体-胎儿途径垂直传染。病牛的死亡率几乎可达100%。

症状： 潜伏期3~6d，少数可达10d，发病后常于48h内死亡。症状特殊而明显，主要表现为某部皮肤的强烈瘙痒，身体的任何部位均可发生。在初期一般症状后不久，即出现奇痒，无休止地舐舔患部，使皮肤变红、擦伤。严重的病牛，用力制止亦无效果。体温40℃以上。当病毒侵入延髓时，表现为咽麻痹，流涎，用力呼吸，心跳不规则，磨牙，吼叫，痉挛死亡。一直到死前仍有知觉，有的病牛发病后数小时即死亡。

治疗： 本病无药物治疗方法，紧急情况下，用高免血清治疗，可降低死亡率。

预防： 灭鼠是避免或减少本病发生的重要一环。一般认为猪为重要的带毒者，要严格将牛和猪分开饲养。牛发病后要及时隔离，并消毒被污染的环境。给健康牛注射疫苗，可增强牛对该病的抵抗力。

7. 如何防治疯牛病？

病因： 疯牛病是由一种非常规致病因子引起的一种亚急性海绵状

脑病，是一种成年牛致命性神经系统性疾病，又叫牛海绵状脑病（BSE）。病原因子是一种不含核酸的，比类病毒还要低等的微蛋白颗粒，命名为“Prion”，即一种蛋白质传染性因子，目前称为“朊病毒”。

症状：该病的关键特征是牛脑发生海绵状病变，并伴随大脑功能退化，临床表现为神经质、运动失调、痴呆和死亡。病牛发病年龄多为4~6岁，2岁以下的病牛罕见，6岁以下牛发病率明显减少。本病无季节性，潜伏期长，2~8年不等。奶牛发病多于肉牛，规模大的畜群多发。疯牛病初期出现的临床症状与死亡前表现的症状没有实质性的差异，而且整个发病期间各种临床症状出现频率稳定。临床症状表现为神经症状和全身症状相结合。病牛恐惧、狂暴和神经质，姿势和运动异常，体况下降，体重减轻或明显消瘦，产奶量减少。

防治：英国发生疯牛病后，世界各国，特别是欧盟国家，为防止疯牛病传入和发生采取了一系列措施。

① 按照OIE和WHO的建议建立疯牛病监测网，将疯牛病规定为必须申报的法定传播病。

② 对临床兽医师和实验室诊断技术人员进行专业培训，使掌握有关知识和技术。开展疯牛病的宣传教育，普及有关科学知识，提高广大人民群众的认识和执行防治措施的自觉性。

③ 切断疯牛病的传播途径：禁止从痒病和疯牛病的疫区进口动物性肉骨粉、活牛、牛胚胎和精液、脂肪、牛肉、牛内脏及有关制品；有计划地对过去从英国进口的牛和以进口胚胎、精液生产的牛进行兽医卫生监控；严禁使用以动物性肉骨粉或动物原性的饲料添加剂饲喂动物。

④ 对进口牛和反刍动物性饲料添加剂严格检疫。

⑤ 一旦发现可疑病牛，立即隔离，消毒并上报疫情。确诊后对所有病牛和可疑病牛进行扑杀和销毁。

8. 如何防治犊牛轮状病毒腹泻?

病因：该病是非细菌性腹泻的一种重要疾病。病牛和隐性感染牛是传染源。此外，其他有病动物也可能传染给牛。病原主要是经口感染。多在早春、晚秋、冬季、气候骤变和卫生条件差的情况下发生。

症状：本病多发于1周龄以内的犊牛，潜伏期1~4d。病犊体温正常或略升高，精神委顿，厌食和拒食。很快腹泻，粪便呈黄白色水样，有时混有黏液甚至血液。腹泻时间越长，脱水越严重。若病犊的体温突然降到正常以上，常是死亡的先兆。病死率可达50%以上，病程1~8d。天气寒冷能使许多病犊继发肺炎而加速死亡。

预防：犊牛轮状病毒腹泻，首先，加强孕牛的饲养管理，增强母牛和犊牛的抵抗力。其次，应使犊牛尽早吃上初乳，接受母源抗体有利于减少发病。最后，一旦发现本病，继续吃母乳是有害的，应停乳，给病犊饮用或灌服葡萄糖盐水，效果不错。应用疫苗给孕牛免疫注射，有较好的效果。

9. 如何防治牛细小病毒感染?

病因：牛细小病毒感染是以犊牛下痢为主要症状的疾病，同时亦常见妊娠母牛感染而发生死产、流产的表现。牛细小病毒属于细小病毒科，对乙醚有抵抗力，在pH值3~9下稳定，对外界环境抵抗力极强，可长期存活，在牛胚肾细胞中产生核内包涵体。病毒对人、犬、鼠红细胞产生血细胞凝集和血吸附反应，血凝抑制对比试验证明牛细小病毒与其他细小病毒无关，分离病毒可用牛胎脾细胞培养物，往往传2~5代后可见细胞致病作用。

症状：犊牛的主要症状是腹泻，康复的犊牛生长不良，偶可引起发热和呼吸道症状。对不吃初乳的新生犊牛口服或静脉注射病毒人工感染时，可在24~48h后发病。初时粪便呈水样，以后变黏液状。在接种后两天体温达41℃，病犊不安，但仍能吃奶。

治疗：对牛细小病毒感染的病例还没有治疗的好方法。

预防：目前预防本病的关键在于不要引进带毒的病畜，一旦病毒引进畜群，使一些动物成为带毒者，病原可长期存在于外界环境中。主要是隔离病牛，搞好牛舍和环境卫生，平时注意消毒，防止感染。治疗主要是采取对症疗法，补液，给予抗生素或磺胺类药物控制继发感染。本病目前还无疫苗用于预防注射。

10. 如何防治牛传染性鼻气管炎?

病因：该病又称牛病毒性鼻气管炎，也称为红鼻病，是牛的一种急性接触传染的上呼吸道疾病。病原为牛传染性鼻气管炎病毒，又称牛疱疹病毒 I 型。病牛和带毒牛是主要传染源，通过空气由呼吸道传播。种公牛精液带毒，可通过交配感染母牛。该病主要感染肉牛，尤其是 20~60 日龄的肉用犊牛最易感。病死率也高。多发于寒冷季节，牛群的饲养密度过大易于发病。

症状：潜伏期为 4~6d。主要表现为脑膜脑炎型、呼吸道型、生殖道型。A. 脑膜脑炎型，主要见于 6 月龄内的犊牛，体温升高达 40℃以上。病犊沉郁，随后兴奋，步态不稳，可发生惊厥、倒地，磨牙，角弓反张，四肢划动。病程 2~7d，多数死亡。B. 呼吸道型，寒冷月份多见，主要侵害呼吸道。高热达 39. 5~42℃，高度沉郁，食欲废绝，鼻黏膜高度充血，有溃疡，鼻窦及鼻盘发炎、红肿，鼻孔外有黏性鼻液，病牛呼吸困难，眼结膜发炎，流泪。乳牛产奶减少或停止。病程多数在 10d 以上，严重的可导致死亡。牛群发病率可达 75%以上，但病死率在 10%以下。C. 生殖道型，由交配引起，母牛的潜伏期为 1~3d，除了发热、沉郁、食欲减少等一般症状外，主要见阴道发炎，阴道底面和外阴见黏稠无臭的黏液。阴门黏膜上有白色小病灶，逐渐发展成脓疱，脓疱破裂坏死，形成坏死膜，膜下是发红的表皮。一般经 10~14d 痊愈。公牛的潜伏期为 2~3d，轻的仅生殖道黏膜充血，1~2d 就恢复；严重的包皮和阴茎上出现脓疱，包皮肿胀和水肿，经 10~14d 痊愈。

治疗：可用抗生素或磺胺类药物防制继发感染。

预防：发现病牛立即隔离，未被感的紧急预防接种。

11. 如何防治牛炭疽病?

病因：炭疽是由炭疽杆菌引起的一种急性、热性、败血性传染病。本病的传染源是病畜和其他带菌动物，属人兽共患病。细菌在不良条件下可形成芽孢，在土壤、牧场中的芽孢可存活 50 年以上。因此，被病原污染的土壤、牧场可成为永久性疫源地。夏季雨水多时，将病尸遗骸冲出，引起本病在一定范围内散发或流行。牛炭疽主要经消化道感染，吸血昆虫叮咬也可播散，动物产品如羊毛、皮张上的炭疽芽孢飘浮在空气中，也可引起吸入性感染。常见的传播途径主要是消化道，也可经吸血昆虫、皮肤和黏膜创口侵入动物机体，也可经呼吸道吸入。

症状：潜伏期1~5d。据病程可分为最急性、急性和亚急性3型。

最急性型　突然发病，体温高，黏膜发绀，肌肉震撼，不断鸣叫，步态不稳，倒毙，天然孔出血，病程数小时。急性型，多数炭疽牛为此型。突然发病，病初体温高达42℃，心率80~100次/min，呼吸加快，食欲废绝，反刍停止，瘤胃臌胀，流涎。奶牛泌乳量减少或停止，妊娠母牛流产。病情严重时，兴奋、惊恐、哞叫。后期高度沉郁，呼吸困难，肌肉震撼，步态不稳。末期体温下降，痉挛而死。亚急性型，病牛喉、颈、胸、腰、外阴部、直肠内常含有炭疽痈。有时舌肿大呈暗红色，有时发生咽喉炎，呼吸极度困难，口鼻流出血液。肠壁痈时，下痢带血，肛门浮肿。重者尿中带血，一般10~36h死亡。

治疗：抗炭疽血清是特效药物。牛一次量100~300mL静脉注射。必要时，12h再重复一次，也可皮下注射。注意：异种血清的过敏症。抗生素及磺胺类常与血清配合应用。无血清，大剂量应用抗生素和磺胺类药物也有良效。一般青霉素和链霉素并用，或青霉素与磺胺嘧啶并用，效果更好。体温降下后，再用1~2d。其他抗生素也有疗效。注意对症治疗。

预防：新老疫区，每年用炭疽芽孢菌苗做预防注射，免疫期1年。受炭疽威胁地区，应用于每年春、秋接种。接种后休息10d。发生炭疽时，应封锁、隔离、消毒，查出传染源并彻底处理。同群健畜立即用免疫血清进行预防注射，若无血清要尽早接种芽孢菌苗，附近家畜也应接种。尸体不得剖杀利用，而应火化或偏僻地深埋。粪便垫草等就近焚烧，用具认真消毒（20%漂白粉或0.1%L汞，每平方米用1L，连续消毒3次）。炭疽污染的毛、皮、可用福尔马林熏蒸或20%盐酸和10%食盐溶液浸泡2~3d消毒。有本病的地区，需严格管理水源和牧地以防污染。

12. 如何防治牛恶性水肿?

病因：该病是由梭菌属病菌引起的一种急性、热性、创伤性传染病。病原主要是腐败梭菌，该菌在自然界分布广泛，土壤、动物消化道都有存在，可在体外形成芽孢。各种年龄、性别、品种的牛都可发病，常发生于分娩、去势、外伤之后，呈散发性流行。

症状：潜伏期1~5d，在创伤周围发生水肿，初坚实热痛，后变柔软且无热痛，按压有捻发音。切开患部有红棕色液体流出，混有气泡，有腐臭味。严重者全身发热，呼吸困难，脉搏细而快，可视黏膜充血、发绀，有时腹泻。由分娩受伤感染者，阴户水肿，阴道出血，流出带有臭味的褐色液体；肿胀迅速波及会阴、乳房、下腹乃至股部，此时患牛运动障碍，垂头拱背，呻吟，通常经2~3d死亡。

防治：主要是平时注意防止外伤，一旦发生外伤要及时清创与消毒；发生本病时，应隔离治疗，早期对患部进行冷敷，后期可手术切开，消除腐败组织和渗出液，用1%~2%高锰酸钾水或3%双氧水充分冲洗，然后撒上磺胺粉，必要时用浸有双氧水的纱布引流，并于病健交界处皮下注入3%双氧水，同时肌内注射青霉素、链霉素。污染的圈舍和场地随时用10%漂白粉或3%火碱溶液消毒，烧毁粪便和垫草，治疗时要做好个人防护。

13. 如防治牛气肿疽?

病因：该病俗称“黑腿病”，气肿疽是由气肿疽梭菌引起的以牛为主的一种急性、热性、地方性传染病。以肌肉丰满的部位（尤其是股部）发生黑色的气性肿胀，按压有捻发音为特征。该病在自然情况下主要侵害黄牛，尤其是2岁以内的小牛更多发。病牛是主要传染源。健康牛主要是采食了含有大量气肿疽梭菌芽孢的土壤、草料和饮水经消化道感染，皮肤创伤和吸血昆虫叮咬也能传播。舍饲牛可见于一年四季，偶尔可因食入污染饲料而发病。放牧牛群夏季多发。

症状：潜伏期3~5d。常突然发病，体温升高到41~42℃。精神沉郁，食欲废绝，反刍停止，出现跛行，不久在臀、肩等肌肉丰满的部位发生气性炎性水肿，并迅速向四周扩散；初有热痛，后变冷且无知觉，皮肤干燥、紧张、紫黑色，叩之如鼓，压之有捻发音；肿胀部破溃或切开后流出污红色带泡沫的酸臭液体。呼吸困难，脉搏细速。随着病情加重，全身症状恶化，如不及时治疗，最后卧地不起死亡。病程多为1~2d。

治疗：该病发病急、病程短，必须及早治疗，并大剂量使用抗菌药物，才能见效。常用方法有如下几种。

① 青霉素肌内注射，每次200万单位，每日2~4次。

② 早期在水肿部位的周围，分点注射3%双氧水或者0.25%普鲁卡因青霉素。也可以用1%~2%的高锰酸钾溶液适量注射。

③ 静脉注射四环素2~3g，溶进5%葡萄糖液1 000~1 200mL，分2次注射，每日2次。

④ 10%磺胺噻唑钠100~200mL，静脉注射。

⑤ 10%磺胺二甲基嘧啶钠注射液100~200mL，静脉注射，每日1次。

⑥ 病程中、后期，把水肿部切开，剔除坏死组织，用2%高锰酸钾溶液或3%双氧水充分冲洗，或者用上述药物在除去的水肿部位周围分点注射。

⑦ 如配合静脉注射抗气肿疽血清，效果更好。抗气肿疽血清的用量是一次注射150~200mL。

⑧ 可根据全身状况对症治疗，如解毒、强心、补液等。

预防：

① 在近3年内发生过牛气肿疽的地区，每年春、秋季节都要接种气肿疽明矾菌苗或者接种气肿疽甲醛苗，无论大小牛一律皮下注射5mL。小牛长到6个月时再加强免疫一次，仍皮下注射5mL。

② 一旦发生本病，要对牛群逐头进行检查，对病牛或者可疑牛都要就地隔离治疗。而对其他牛则要及时接种气肿疽明矾菌苗或者气肿疽甲醛苗。

③ 对发病区的正常牛用抗气肿疽血清或者抗生素进行预防治疗。

④ 病死的牛不准食用，要同被污染的粪、尿、垫草、垫土等一起烧毁或者深埋。

⑤ 病牛舍及场地要用20%的漂白粉溶液或者3%的福尔马林溶液

消毒。

14. 如何防治牛破伤风？

病因：该病是由破伤风梭菌经伤口感染所引起的急性传染病。病畜和带菌畜是传染源，通过粪便和伤口向外排菌，细菌在土壤中可形成芽孢。牛在手术、穿鼻环、打耳号、断角、去势、分娩，以及在顶架发生外伤时，可引起感染。多呈散发，发病率低，但病死率高。

症状：潜伏期一般为1～2周，最短为1d，长的可达数月。病牛兴奋不安，头向前伸，鼻孔外翻，双耳竖起，两眼圆睁，眼瞬膜外露，牙关紧闭，尾根上举。瘤胃臌气，呼吸困难，脉搏细弱，心脏节律不齐。对外界的声响、人和动物变得敏感。在行走时迈步僵硬，转弯困难，跌倒后不易站起。

防治：在经常发生牛破伤风的地区，可给牛每年定期注射精制破伤风类毒素，平时要注意防止牛的外伤，做手术和进行打耳号等操作时，要搞好消毒。一旦发病，早期可用破伤风抗毒素100万单位，皮下注射、肌内注射或静脉注射。如能发现伤口，应清创、扩创，并用3%双氧水彻底消毒，配合青霉素、链霉素进行创口周围注射。同时要加强护理，对症治疗。

15. 如何防治牛出败病？

病因：牛出败病是由巴氏杆菌引起的，是以败血症和组织器官的出血性炎症为特征的传染病，故又称牛出血性败血症。该病是由坏死杆菌引起的一种慢性传染病。病牛和其他病畜、带菌畜为传染源，但很少能造成直接接触感染。主要传播方式为病菌从发病部位进入周围环境，广泛分布在牧场、饲养场的土壤、沼泽中，经损伤的皮肤和黏膜引起其他牛发生感染。当牧场低洼，圈舍潮湿，饲料中钙磷缺乏，维生素不足时，有利于本病的发生。潜伏期一般为1～3d。成年牛病初喜欢趴卧，病肢不敢负重，检查蹄部、敲击蹄壳或按压病部出现疼痛；清理蹄底，可发现有小孔或创洞，内有腐烂的组织和臭水；病程长可见蹄壳变形或蹄匣脱落。犊牛病初发热，厌食，流口水和鼻液，口腔黏膜红肿。在齿龈、舌、上腭、颊、咽部等部位，有一层伪膜覆盖，灰褐色或灰白色，粗糙不洁，强行撕去，露出溃疡面，有出血，形状也不规则。可见吞咽困难和呼吸困难，有时可见肺炎、脐炎、腹膜炎以及皮肤、乳房、会阴等处皮肤坏死。病程3~4d，也可能延长，严重的可死亡。

症状：病牛常发生头颈、咽喉及胸部炎性水肿，民间将此病称为牛肿脖子、牛响脖子、锁口癀等。牛出败是常见的一种牛病，一年四季都可发病，一般为散发或小范围暴发性流行。牛出败的潜伏期一般为2~5d。根据临床症状，可将牛出败分为败血型、水肿型和肺炎型3种。

败血型临床症状为病牛体温升高至41~42℃，精神委顿，食欲不振，心跳加快，常来不及查清病因和治疗牛就死亡。水肿型临床症状为除有体温升高、不吃食、不反刍等症状外，最明显的症状是头颈、咽喉等部位发生炎性水肿，水肿还可蔓延到前胸、舌及周围组织，病牛常卧地不起，呼吸极度困难，常因此而窒息死。肺炎型临床症状为病牛主要表现为体温升高，发生胸膜肺炎，病牛呼吸困难，有痛苦的咳嗽，鼻孔常有黏液脓性鼻液流出，严重病牛呼吸困难，头颈前伸，张口呼吸，肺炎型病程较长，常拖至1周以上。

治疗：可用高免血清治疗，效果良好。青霉素、链霉素、四环素族抗生素或磺胺类药物均有一定的疗效。如将抗生素和高免血清联用，则疗效更佳。

预防：主要加强饲养管理，提高抵抗力。经常发生牛出败的地方，要坚持注射牛出败疫苗。确定牛发生牛出败病后，对村寨里的牛，也要进行紧急预防注射，防止病情扩散。此外，病牛的垫草、粪便等排泄物中有大量巴氏杆菌，要堆积发酵后才能使用。病牛厩舍及周围环境要用石灰水或3%来苏尔液消毒。病牛和死尸必须在防止细菌扩散的原则下宰杀或处理，内脏做深埋处理，牛皮要用消毒液浸泡后才能出售，牛肉切成小块原地高温煮熟后才能食用。

16. 如何防治牛沙门氏菌病?

病因：该病又称牛副伤寒，是由沙门氏菌引起的多种动物都发生的一种传染病。病畜和带菌畜是主要传染源，从粪、尿、乳、流产胎儿、胎衣、羊水排出细菌，污染环境。经消化道、交配、子宫内感染，犊牛在出生后30~40d最易感，而成年牛容易在夏季放牧时发病。

症状：潜伏期1~3周。犊牛发病，体温升高40~41℃，食欲不振，经2~3d出现胃肠炎症状，拉出黄色或灰黄色的稀便，恶臭，带有纤维素，有时混有伪膜，有的可见咳嗽和呼吸困难。一般在出现症状后5~7d内死亡。出生时已经感染的犊牛，常在生后48h内拒吃奶，喜卧，迅速衰竭，常在4~5d死亡。成年牛发病，多为散发，发热达40~41℃，精神沉郁，食欲不振，产奶量减少。严重的出现昏迷，食欲废绝，呼吸困难，迅速衰竭。多数牛病后12~24h，在粪便中出现血块，很快下痢，恶臭，也可见纤维素和伪膜。孕牛可发生流产。病牛常3~5d内死亡。

治疗：应用氯霉素、土霉素、痢特灵（呋喃唑酮）、磺胺类药有效。

预防：加强饲养管理，保持良好卫生状况，饲料、饮水要清洁，必要时可用抗生素添加剂。在发病牛群，可给犊牛注射副伤寒疫苗。

17. 如何防治牛结核病?

病因：结核病是由结核分枝杆菌、牛结核分枝杆菌或禽结核分枝杆菌引起的家畜、家禽、野生动物和人的一种慢性传染病。其特征是某些器官（肺结核、乳房结核、肠结核）形成结核结节，随后形成干酪样坏死或钙化的结核病灶，是引起人、畜大量死亡的人畜共患传染病。结核分枝杆菌共有3种类型，即人型、牛型和禽型。牛结核病主要由牛型结核杆菌引起，也可由人型结核杆菌引起。牛型结核杆菌尚可感染猪和人，也能使其他家畜致病。禽型结核杆菌也可感染牛、猪和人。所以本病具有重要的公共卫生意义。病畜是牛结核病的传染源。有肺结核的病牛，特别是形成肺空洞又与支气管相连的“开放性”病牛，可通过呼吸道排菌；发生肠结核的，经粪便排出病菌；乳房结核的，病菌主要存在于奶中。病原菌污染饲料、饲草、饮水、牛奶、周围环境，健康牛可通过呼吸道、消化道感染，也可通过交配造成传播。成年牛主要发生肺结核，犊牛发病则以肠结核为主。饲养密度大，卫生条件差，管理不当的牛群，易发本病。

症状：本病的潜伏期短者为10d，长者为数月甚至数年，通常为慢性经过，病初症状不明显，患病时间长，症状逐渐显现出来。

肺结核：奶牛多发。病初食欲、反刍无变化，但易疲劳，常发生短而干的咳嗽，随病情发展咳嗽加重，频繁，且表现痛苦。呼吸次数增加，严重时发生气喘，此时听诊有摩擦音。病畜日渐消瘦，贫血，产奶减少，有的牛体表淋巴结肿大。当纵隔淋巴结肿大时，压迫食道，则呈慢性臌气症状，病势恶化时，可发生全身性结核，即粟粒性结核，体温可能升高至40℃，呈弛张热或稽留热。胸、腹膜发生结核病灶时，即所谓珍珠病。

淋巴结核：受害淋巴结肿大，无热痛，常见于户前、股前、腹、沟、颌下、咽及颈部等淋巴结，多见于结核病早期。病变淋巴结所在部位不同会引起不同的表现症状。

乳房结核：乳房淋巴结肿大。乳房表面呈现大小不等凹凸不平的硬结，乳房实质硬肿使泌乳量减少，严重时乳汁稀薄呈水样或变为深黄浓厚奶汁，并混有脓块。

肠结核：由于出现前胃弛缓和瘤胃臌胀，表现消化不良，食欲不振，顽固性下痢，迅速消瘦，发生部位多在空肠和回肠部。

生殖器官结核：表现为可见性机能紊乱。母牛表现发情频繁，性欲亢进，慕雄狂，流产，不孕，从阴道、子宫流出脓性分泌物。公牛附睾、睾丸肿大，阴茎前部可发生结节、糜烂等。

治疗：本病威胁人类健康（传染），肉牛产肉率降低，无菌苗可供免疫，主要采取检疫、淘杀、消毒和培育健康犊牛等综合办法。

① 在清净地区，每年春、秋进行变态反应方法检查。购买牛时，应先就地检疫，确定为阴性者方可购买；运回后隔离观察1个月以上（达到3个月最好），检疫确认为阴性后混群饲养。不允许结核病人饲养和管理牲畜。

② 对有结核病的牛群，检出的阳性反应牛立即隔离，并经常作临床检查，发现开放性结核病牛时，即予扑杀。有病变的内脏应销毁或深埋。有价值的种畜，可试用链霉素、异烟肼（雷米封）、对氨水杨酸钠、盐酸黄连素等进行治疗。

③ 犊牛于生后 20~30d 进行检疫；100~120d 再进行检疫；160~180d 再进行检疫。

④ 每年定期消毒 2~4 次。牧场及牛舍出入口处，设置消毒池，饲养用具每月定期消毒一次；检出病牛后进行临时消毒。粪便经发酵消毒后才能利用。

预防：牛结核病对人的危害很大，所以应当采取严格的措施来预防。一是引种时要做检疫工作，不要引进病牛。二是对有病牛场每年都应用结核菌素进行检疫，坚决淘汰阳性牛和病牛。三做好消毒工作，用 10%漂白粉溶液、5%来苏尔溶液或 20%石灰水经常性进行消毒。

18. 如何防治牛副结核病?

病因：该病又称牛副结核性肠炎，是由副结核分枝杆菌引起的一种慢性传染病。病牛和隐性感染牛是传染源，其粪便中可排出大量病菌，从尿和奶中也能排菌，污染草料、饮水。健康牛主要通过消化道感染，通过子宫也可造成胎儿发病。奶牛对该病最易感，呈散发或地方流行性。

症状：潜伏期 6 个月到 1 年，甚至更长。一般犊牛感染后，到 2~5 岁时才出现症状。早期的明显症状是间断性腹泻，以后可以变成持续性腹泻。粪便稀薄，带有气泡和血凝块。随着疾病的进展，食欲和精神变差，喜欢躺卧，产奶减少并逐渐停止。皮肤干燥，被毛粗乱。下颌和垂皮水肿。一般经 3~4 个月，病牛死于极度衰竭。病牛群的死亡率可达 10%。

治疗：本病目前尚无特效治疗药物和方法，用止泻等对症疗法效果不明显。

预防：首先不要从有病地区买进牛和羊。对发病牛群应开展检疫，用副结核菌素进行皮内注射，检出率可达 94%，对检出的有明显临床症状的病牛，进行扑杀和无害化处理。对病牛污染场所，要用生石灰、来苏尔等进行彻底消毒。现在该病已研制出弱毒菌苗，效果良好，免疫期可达 48 个月。

19. 牛布氏杆菌病是如何发生的?

病因: 该病是由布氏杆菌引起的一种人畜共患慢性传染病。家畜以牛、羊、猪最易感。牛发生本病主要侵害生殖系统和关节，母牛表现为流产，公牛表现为睾丸炎。病畜和带菌动物是主要传染源。病原菌可随同流产胎儿、胎衣、羊水、子宫渗出物、精液、乳汁、脓汁排出体外，污染饲草、饲料、饮水和周围环境。健康牛主要经消化道、交配、损伤和未损伤的皮肤引起感染，吸血昆虫也能传播该病。人的传染源主要是患病动物，一般不由人传染于人，人感染的多数是羊布氏杆菌。

症状: 患牛多为隐性感染。怀孕母牛的流产多发生于怀孕后6~8个月，流产后常伴有胎衣滞留，往往伴发子宫内膜炎，甚至子宫积脓而成为不孕症。通常只发生一次流产，第二胎多正常。流产前2~3d出现征侯，阴道和阴唇潮红，肿胀，从阴道流出淡红色透明无臭的分泌物，有时乳房发炎肿大，乳汁呈初乳性质，乳量减少，但一般不出现这些症状。有的病牛发生关节炎、淋巴结炎和滑液囊炎。关节肿痛，跛行或卧地不起。膝关节和腕关节最常受侵害。公牛发生睾丸炎和附睾炎。睾丸肿大，触之疼痛。

防治: 对牛布氏杆菌病的预防要做到以各地区为范围定期检疫，及时隔离、淘汰、扑杀阳性牛（非免疫）；加强防疫消毒制度，消除病原菌的侵入和感染机会，培育健康犊牛；防止处源性病源传入；根据本地区疫情动态，对布氏杆菌病的常在畜群，每年进行定期开展疫苗接种等综合性防制工作。

20. 如何防治犊牛梭菌性肠炎?

病因: 该病是由产气荚膜梭菌引起的急性传染病。犊牛和小牛最易感。病牛和带菌牛是传染源，从粪便排出的病菌污染饲料、饲草、饮水等，主要经消化道，也可通过破伤的皮肤引起健康牛感染。

症状: 本病潜伏期极短，最急性型的，体况很好，没有任何病象突然死亡。有的病犊神经症状比较明显，表现为定向障碍，跳跃、转圈、高叫、口流泡沫，很快死亡；也有的表现为沉郁，食欲减退，跟不上群，黏膜青紫，腹泻、腹痛，粪便中带血，倒地死亡。

预防：在本病流行的地区，可对犊牛用产气荚膜梭菌的类毒素进行免疫。一般注射后，间隔2~4周再注射1次。在犊牛饲料中添加金霉素或土霉素，剂量为每千克饲料中添加2mg，有较好的预防效果。

治疗：犊牛一旦发病，应及时抢救，在病初迅速对症治疗，特别是静脉注射高免血清20~50mL，有较好疗效。在症状明显后，治疗往往无效。

第三节　肉牛普通疾病防治

1. 如何防治牛口炎？

病因：采食、咀嚼障碍和流涎。病初，黏膜干燥，口腔发热，唾液量少。随疾病发展，唾液分泌增多，在唇缘附着白色泡沫并不断地由口角流下，常混有食屑、血丝。口腔黏膜感觉敏感，采食、咀嚼缓慢，严重时可在咀嚼中将食团吐出。开口检查时可见黏膜潮红、温热、疼痛、肿胀，口有甘臭味。舌面有舌苔，在口腔黏膜有溃疡面，大小不等。全身症状轻微。

治疗：

① 用3%左右的碳酸氢钠溶液冲洗口腔。

② 用0.1%的高锰酸钾溶液冲洗口腔。

③ 用0.1%的雷夫奴尔溶液冲洗口腔。

④ 如果唾液多，则用2%~5%的硼酸溶液或者1%~2%的明矾溶液、2%左右的甲紫溶液冲洗口腔。

⑤ 用0.2%~0.6%的硝酸银溶液涂搽口腔。

⑥ 用10%左右的磺胺甘油乳剂涂搽口腔。

⑦ 如果病牛口腔溃烂、溃疡处可涂搽碘甘油。

⑧ 用磺胺噻唑40g，小苏打35g，蜂蜜150~250g，混合后涂在病牛的舌头上让其舔服。

⑨ 有全身炎症时，可以肌内注射青霉素或者磺胺噻唑钠，连续注射 5d 左右。

2. 如何防治瘤胃膨胀?

病因：牛瘤胃膨胀又称为气胀，是因为过量食入易于发酵的饲草而引起的疾病。本病按气体的性质分为泡沫性与非泡沫性；按发病的原因又分为原发性和继发性。牛吃了过多容易发酵的饲料（如豆类、青苜蓿、白菜叶、萝卜叶等），或饲喂受了潮的饲草，或雨后放牧水分较大的青草，都能引起牛的急性胃膨胀病。另外，在劳动后没有充分休息，急于饲喂，或喂饱后急于劳动，也都会引起本病的发生。

症状：牛采食了易发酵的饲草饲料后不久，左肷部急剧膨胀，膨胀的高度可超过脊背。病牛表现为痛苦不安，回头顾腹，两后肢不时提举踢腹。食欲、反刍和嗳气完全停止，呼吸困难。严重者张口、伸舌呼吸，呼吸心跳加快，眼结膜充血，口色暗，行走摇摆，站立不稳，一旦倒地，臌气更加严重，若不紧急抢救，病牛可因呼吸困难、缺氧而窒息死亡。

治疗：发病后迅速排出瘤胃内气体和制止发酵，可采取以下疗法。

① 排出牛瘤胃内气体，病轻时用胃导管插入瘤胃内，然后来回抽动导管，以诱导胃内气体排出；病重时可施瘤胃穿刺放气，放气开始要慢慢进行，防止脑贫血的发生，术前可注射强心药。放气后 0.5h 可口服止酵药物。

② 制止瘤胃内容物继续发酵产气，对轻度膨胀的牛，可给其服用制酵剂，如内服鱼石脂 15～20g 或松节油 30mL。对泡沫性胃瘤胃膨气，可选川豆油、花生油、棉籽油 250mL 给病牛灌服，具有很好的消泡作用。也可给牛服消泡剂，如聚合甲基硅油剂或消胀片 30～60 片。

③ 排出瘤胃发酵内容物可给病牛灌服泻剂，如硫酸钠 400～500g 和蓖麻油 800～1 000mL。

预防：防止贪食过多幼嫩多汁的豆科牧草，尤其由舍饲转入放牧时，应先喂干草或粗饲料，适当限制在牧草幼嫩且茂盛的牧地和霜露浸湿的牧地上的放牧时间。

3. 如何防治瘤胃积食？

病因：主要原因是采食过量，如突然更换饲料，特别是由粗饲料转为精饲料，由舍饲转为放牧，由劣质饲草转为优质饲草时，或脱缰偷食大量精料，或采食大量粗硬不易消化的饲料等皆能引起本病的发生。瘤胃内过度充满饲料，超过正常容积，胃壁扩张，神经麻痹，瘤胃运动机能消失，不能运转所致。采食过量粗饲料，饲料突变适口性好、偷食、过度饥饿后采食过多，采食过急所致。继发于前胃弛缓、瓣胃阻塞、创伤性网胃炎、真胃变位、扭转等。

症状：初期食欲、反刍、嗳气减少或停止，精神沉闷，起卧不安，弓背踢腹等异常姿态。腹部膨大，左肷充满，触诊瘤胃内容物坚硬，以手押之留有压痕。如无并发症体温不高，呼吸紧张而快，心跳加速，发生酸中毒时呈昏迷状态，视觉紊乱。

治疗：要绝食1~2d，但不限制饮水。治疗原则应及时清除瘤胃内容物，恢复瘤胃蠕动，解除酸中毒。待食欲、反刍出现后，逐渐少喂一些柔软的饲草。促进瘤胃蠕动，一方面牵引运动，另一方面要瘤胃按摩每日3~4次，每次0.5h。配合药物疗法主要是下泻，其次是促进瘤胃运动。硫酸钠或硫酸镁制成8%~10%水溶液灌服，每次量500~800g。针对瘤胃酸中毒，用5%碳酸氢钠液500~1 000mL，一次静脉注射。重症而顽固的瘤胃积食，应用药物不见效时，可行瘤胃切开术，取出瘤胃内容物。

预防：主要是加强饲养管理，防止过食，饲料要适当搭配，定时定量，不要突然更换饲料，合理使役，防止脱缰偷食。

4. 如何防治牛前胃弛缓？

病因：牛的前胃胃壁收缩无力，兴奋性减弱或缺乏。长期大量饲喂粗硬难消化的饲料；过食浓厚、劣质、发霉变质糟渣饲料；运动不足，维生素、矿物质缺乏；继发于瘤胃积食、臌气、创伤性网胃炎、生产瘫痪等。

症状：初期食欲减退、胃蠕弱或丧失，反刍次数减少后期停止，间歇性胀肚。后期排出黑便、干块，外有黏液、恶臭，有时干稀交替发生，呈现酸中毒症状。久病不愈者多数转为肠炎、排棕色稀便。

防治：注意改善饲养管理，合理调配饲料，不喂霉败、冰冻等质量不良的饲料，防止突然变换饲料。加强运动，合理使役。治疗原则是消除病因，恢复病牛瘤胃的蠕动能力。为排出前胃内容物用缓泻止酵剂，如硫酸钠、酒精、鱼石脂或豆油1 000mL。为加强前胃蠕动可投吐酒石酸锑钾和番木别丁，同时配合瘤胃按摩和牵引运动。当呈现酸中毒症状时可用葡萄糖盐水、碳酸氢钠、安那咖静脉注射。

5. 如何防治创伤性网胃炎？

病因：饲草饲料中混有金属丝、铁钉、缝针、别针等被牛吞下，因金属异物比重大，最后集中在网胃，从而造成网胃创伤。

症状：病牛呈现顽固性的前胃弛缓症状，久治不愈。随着病情的进展，逐渐呈现网胃炎的症状。病牛的行动和姿势异常，站立时，肘头外展，多取前高后低姿势；运步时，步样强拘，愿走软路而不愿走硬路，愿上坡而不愿下坡；卧地时，表现非常小心；起立时，多先起前肢（正常情况下先起后肢）。网胃触诊，疼痛不安，抗拒检查。体温多升高到40~41℃，脉搏增数。

防治：以预防为主，药物上没有有效治疗办法。可以在小牛生后6月龄时往胃里投放磁铁棒，适当的时候还可以往外吸取异物。在“白色污染”严重的情况下，预防异物中应将塑料制品（如尼龙绳、薄膜、编织袋等）列入。就目前看，它造成的危害已经相当严重，症状呈网胃堵塞。当上述治疗方法无效时，可作瘤胃切开术。术者从切口伸入手臂，探查和取出网胃内异物。

6. 如何防治子宫内膜炎？

病因：母牛产后（包括流产、难产处理、配种）由于细菌等微生物的侵入而引起。还有布氏杆菌病、滴虫病、不合理的操作与药物刺激均会成为诱因，是引起牛不孕的重要原因，分急性与慢性两种。

症状：急性发作时体温升高、食欲减少、精神不振、拱背、努责、频尿。从阴门流出黏液性、脓性渗出物，卧时排出较多，有腥臭味，做直肠检查时可感到温度升高，子宫角变粗大，肥厚，下沉，收缩反应弱，并有波动感。慢性炎症时发情周期不正常，屡配不孕或发生隐性流产，牛发情或卧下时从阴门流出混浊的带絮状物黏液（包括虽透明而有小絮片），阴道及子宫颈口黏膜充血、肿胀，子宫颈微开张。

治疗：冲洗子宫是治疗慢性与急性炎症的有效方法。药物可选氯化钠盐水、过锰酸钾、呋喃西林、雷凡奴尔、洗必泰等多种溶液，然后配合注入抗生素，如青霉素、链霉素、金霉素等，使用抗生素应通过药敏试验进行选择。

7. 如何防治牛胎衣不下？

病因：原因甚多，但不易判断。有营养不足，浓厚饲料饲喂过多，运动不足，老龄，上一胎次挤奶过量，体况恢复极差，母牛曾患子宫内膜炎等生殖器官病，布氏杆菌病，难产、死胎、产后子宫收缩乏力等多种原因。

症状：母牛分娩后 24h 以上仍不能排出胎衣者。初期一般不会出现全身症状，一般情况下多见阴门外垂吊部分胎衣或排出的胎衣不完整，重量太轻或根本未见胎衣排出等，并经阴道检查验证。或母牛努责频繁、呈现腹痛，过 2~3d 后停滞的胎衣开始腐烂分解，甚至可以闻到腐臭味，腐烂分解产物若被子宫吸收，可出现败血型子宫炎和毒血症。患牛表现体温升高、精神沉郁、食欲减退、泌乳减少等。

治疗：首先经直肠检查验证确定后，治疗多为手术剥离和药物治疗。使用促使子宫收缩排出胎衣。在不能手术剥离时向子宫灌入高渗盐水促其自行分离、脱落。手术剥离后进行多次子宫冲洗，同时向宫内投放抗生素药物，如土霉素、四环素等。严重时为防止出现全身症状也用抗生素控制。并给予保健药物促进肠胃机能等。

8. 如何防治牛乳房炎？

病因：发生牛乳房炎通常需要一定的诱因，如饲养管理不当，环境卫生差，挤乳方法不正确等。此外，乳牛是否易患乳房炎与体质和体形也有关系。乳房炎的发生与性激素也有关系，多发生在发情期后

3~9d。外源性雌激素的摄入量增加，乳房炎发病率亦增高。干乳期乳房炎发病率比泌乳期高，可能与泌乳期使用抗生素多有关。感染途径通常有乳源径路、血源径路和淋巴源径路。病原微生物包括细菌、霉形体、真菌和病毒。在一定诱因存在的情况下，病原微生物经上述3种途径感染乳房，即可引起乳房炎。

症状：轻病者，触诊乳房不觉异常，或有轻度发热、疼痛或肿胀，乳汁中有絮状物或凝块，有的乳变稀。重度的，皮肤发红，触诊乳房发热、有硬块、疼痛，常拒绝检查。产奶量减少，乳汁呈黄白色或血清样，内有凝乳块。全身症状不明显，体温正常或略高，精神、食欲正常。慢性乳房炎时，一般临床症状不明显，全身情况也无异常，产奶量下降，可反复发作，导致乳房萎缩，成为“瞎乳头”。

治疗：首先是消除原因与诱因，改善饲养和挤乳卫生条件等是取得良好疗效的基础。具体可采取如下治疗措施。① 乳房神经封闭，如乳房基底神经封闭。② 经乳头管注药，可用通乳针连接注射针筒直接注药。常用的药物有3%硼酸液，0.1%~0.2%过氧化氢液，青霉素、链霉素、四环素、庆大霉素等抗生素，最好进行药敏试验。③ 物理疗法，如乳房按摩，温热疗法、红外线和紫外线疗法等。乳头药浴是防治隐性乳房炎的有效疗法。必要时可配合全身治疗，如肌内注射青霉素、土霉素、磺胺二甲嘧啶等。

9. 如何防治牛误食塑料薄膜?

病因：如今，塑料薄膜在农家、田野到处可见。食品包装袋用的是塑料薄膜，地膜洋芋、洋葱、塑料棚等用的是塑料薄膜，这些薄膜使用后如果随便丢弃，随风飘扬，混入饲草饲料中很容易被牛误食。塑料薄膜进入瘤胃后，有时会紧贴胃壁，轻者引发疾病，影响生产；重者导致死亡，造成一定的经济损失。

症状：牛误食塑料薄膜后，首先是精神不好，食欲减退，咀嚼无力，反刍少，有时口角会流出带泡沫的液体，出现假性呕吐动作，还会发生间歇性的瘤胃臌气和积食现象。病牛初期便秘，粪便干燥，呈暗褐色。后期腹泻下痢，粪便混有黏液。由于肠炎发生。病牛腹痛不安、叫唤，不时回顾腹部或踢下腹。静卧时，大多呈右侧横卧，头颈屈曲于胸腹侧。如果不及时治疗，病牛会极度消瘦而死亡。

治疗：塑料薄膜、尼龙绳（袋）被误食，如果口中还有部分未咽下的头子，不要慌张，让牛保持安静状态，然后打开口腔，用手或镊子将薄膜和尼龙绳（袋）的头子捏住，慢慢地拉出来。用植物油（菜籽油）500~1 000mL 和液体石蜡油 1 500~2 000mL，一次灌服。用硫酸镁 500g，加温水 2.5kg 一次灌服。皮下注射新斯的明 10~20mL，5h 后重复注射一次。用碳酸氢钠 30~50g，酵母粉 40~50g，加水适量，一次口服。鱼石脂 20g，溶于 20%酒精 200mL，加温水适量一次灌服。3%硝酸毛果云香碱 5~10mL 一次皮下注射。中药治疗：椿皮 80g、常山 20g、莱服子 75g、柴胡 30g、积壳（或积实）50g、甘草 15g，研末服或煎服。

预防：人为地收捡田地中废弃的塑料薄膜，集中销毁或回笼加工。饲草饲料和饮水要清洁，剔除混杂在秸秆及其饲草饲料和饮水中的塑料薄膜、尼龙绳（袋）等异物。

10. 如何防治牛胃肠炎？

病因：胃肠炎是指胃肠黏膜及其深层组织发生的炎症。主要是因胃肠受到强烈有害的刺激所致，多因吃了品质不良的草料，如霉变的干草、冷冻腐烂块根、草料，变质的玉米等；有毒植物、刺激性药物及误食农药污染的草料，可直接造成胃肠黏膜损伤，引起胃肠炎；因营养不良、过度劳役或长途运输造成机体抵抗力降低，使胃肠道内的条件性致病菌（大肠杆菌、坏死杆菌等）毒力增强而引起胃肠炎，此外，滥用抗生素，也可造成胃肠菌群紊乱，引起二重感染。

症状：主要临床表现为剧烈腹泻，粪便稀薄，常混有黏液、血液及脱落的坏死组织碎片等，有时混有脓汁，气味恶臭。病程延长，出现里急后重等症状。此外，可见病牛精神沉郁，食欲废绝，饮欲增加，反刍停止，体温升高等症状。

治疗：首先要消除病因，加强护理，绝食 1~2d，以后喂给少量柔软易消化的饲料，病初虽排恶臭稀便，但排粪不通畅时，应清理胃肠，给予 300~400g 硫酸钠（镁）缓泻药等。当肠内容物已基本排空，粪的臭味不大而仍腹泻不止时，则要止泻，用 0.1%高锰酸钾液

3 000~5 000mL 内服，或用其他止泻药。消除炎症，可选用抗生素等。肠道出血可给予维生素 K。此外，应根据情况给予补液和缓解酸中毒。

11. 如何防治牛尿道炎?

病因：尿道炎是指尿道黏膜发生的炎症。常见于导尿时导尿管消毒不彻底，无菌操作不严密，导致细菌感染；或导尿时操作粗暴，以及尿结石的机械刺激，致使尿道黏膜损伤而感染。也可由邻近器官的炎症蔓延而引起。

症状：病牛常呈排尿姿势，排尿时表现疼痛，尿液呈断续状流出。由于炎症的刺激，常反射地引起公牛阴茎频频勃起，母牛阴唇不断开张。严重时可见黏液、脓性分泌物不断从尿道口流出。尿液浑浊，常含有黏液、血液或脓液，有时混有坏死、脱落的尿道黏膜。触诊或尿道控查时，患牛疼痛不安。若时间较长，则可因尿道黏膜发生坏死、增生而导致尿道狭窄甚至阻塞，最终引起尿道破裂。

治疗：治疗原则是抗菌消炎、防腐消毒和对症治疗。灌洗膀胱，选用导尿管导出尿液，再经导尿管注入生理盐水灌洗，然后再用1%~3%硼酸溶液、0.1%高锰酸钾溶液、0.1%雷佛奴尔反复灌洗 2~3 次。慢性的，用 0.1%硝酸银溶液或 0.1%蛋白银溶液灌洗。消毒尿路，可用 40%的乌洛托品 50~100mL，一次静注，每天 2 次，连用 3~5d；或用呋喃妥因，每千克体重 12~15mg，一次内服，每天 2 次。抗菌消炎，用青霉素 100 万~200 万单位，加上 50mL 生理盐水或 0.5%普鲁卡因，混合一次注入膀胱，每天 1~2 次，连用 3~5d。

预防：为了防止尿道感染，导尿时导尿管要彻底消毒，操作时要严格按操作规程进行，防止尿道黏膜的损伤感染。要及时治疗泌尿和生殖系统疾病，以防炎症蔓延至尿道。

12. 如何诊治牛阴道脱出?

病因：阴道脱出是指阴道壁的部分或全部内翻，脱离原来正常位置，突出于阴门之外。当牛妊娠后期，胎盘产生过多的雌激素，或患有卵巢囊肿时产生大量雌激素，可使骨盆内固定阴道的韧带松弛，引起阴道脱出；或者是胎儿过大，胎水过多，或怀双胎，使腹内压增高，也易造成阴道脱出。饲养管理不当，营养不良，体弱消瘦，运动不足，全身组织特别是盆腔内的支持组织张力降低，也可引起本病。此外，当牛患有瘤胃臌气、积食、便秘、下痢、产前截瘫、直肠脱出，或严重的骨软症等疾病时，也可继发阴道脱出。

症状：许多牛在产前多发生阴道部分脱出，在卧地时，可见到有一鹅蛋大或拳头大的粉红色瘤状物夹在两侧阴唇之间，或露出于阴门之外，站立时，脱出部分多能自行缩回。如时间过长，脱出的阴道壁会肿大，患牛起立后需经过较长时间才能缩回，或不能自行完全缩回。阴道脱出时间过久，表面常被粪便、褥草、泥土等污染，从表面发生溃疡、坏死。阴道全部脱出时，可见到宫颈口，也可触及胎儿的肢体。病牛常表现不安、拱背、努责，时常做排尿动作。如脱出的阴道损伤严重，可能引起胎儿死亡和流产。

治疗：站起后能自行恢复的阴道部分脱出，特别是快要生犊的牛，分娩后多能自愈。对不能自行缩回的，或阴道全部脱出的，可实行站立保定，不能站立的要垫高后躯。还可用2%普鲁卡因10mL，在第1~2尾椎间进行硬膜外麻醉；或用1%明矾水、0.1%高锰酸钾液清洗脱出的阴道。有出血和伤口的，进行止血和必要的缝合。有水肿的，用消毒针头乱刺，用清洁纱布挤出水肿液。要注意对孕牛子宫颈黏液塞的保护，不要破坏和污染。用消毒纱布缠包脱阴道，在助手的帮助下，用手将脱出的阴道送回盆腔，并加适当固定。

13. 如何防治犊牛腹泻?

病因：初乳饲喂量过低、过迟，饲喂低质初乳，饲养环境中传染性微生物高、畜舍卫生条件差、通风不良以及营养不良、应激、难产和长途运输。大肠杆菌是引起新生犊牛腹泻的主要病原菌。腹泻在犊牛中发病率极高，是小牛死亡的最常见病因，但良好的饲养管理可防止腹泻。大多数致命的腹泻病发生在出生后的前两个星期。随着小牛的生长，小牛对传染性疾病的抵抗力急剧提高，但3~4周龄的小牛对传染性疾病仍具有较高的易感性。腹泻常分为营养性（牛奶饲喂过量，饲喂低质的代乳品或突然改变牛奶组成）或传染性两种。然而，这一分类是人为的，因为营养不平衡可使牛更易患传染性疾病。

症状：犊牛的粪便含水量比正常小牛高出5~10倍，粪便有异味，颜色异样（黄色、白色）或因腹泻类型不同，粪便中还可含黏膜和血液。随着疾病的发展，小牛可出现其他症状。厌食（食欲差）；粪便稀薄，呈水样；出现脱水现象（眼睛塌陷、毛发粗糙、皮肤无弹性）；有怕冷表现（低温）；起立迟缓并有困难；不能站立（瘫痪）。严重者：腹泻，粪便由浅黄色粥样变淡灰色水样，混有凝血块、血丝和气泡，恶臭，病初排粪用力，后变为自由流出，污染后躯，最后高度衰弱，卧地不起，急性在24~96h死亡，死亡率高达80%~100%。肠毒血型的表现是：病程短促，一般最急性2~6h死亡。肠炎型的表现是：10日龄内的犊牛多发生腹泻，先白色后变黄色带血便，后躯和尾巴粘满粪便，恶臭，消瘦虚弱3~5d脱水死亡。

治疗：本病最好通过药敏试验，选出敏感药物后，再行给药，临床上常选用下列药物治疗本病：口服痢特灵，按体重3mg/kg，每日3次，连服3d；或肌内注射氯霉素，每千克体重0.01~0.03g，每天注射3次，连注3d；或用3.6%低分子右旋糖酐、生理盐水、5%葡萄糖、5%碳酸氢钠各250mL、氢化考的松100mg、维生素C 10mL，混溶后给犊牛一次静脉注射。轻症每天补液一次，重危症每天补液两次。或补液以30~40mL为宜。同时给母牛静脉注射5%碳酸氢钠250mL，效果更好；口服5~10g次氯酸铋或50~100g陶土或10~20g活性炭，也可进行灌肠排出肠内有毒物质。

预防：对于刚出生的犊牛，可以尽早投服预防剂量的抗生素药物，对于防止本病的发生具有一定的效果。给怀孕期的母牛注射用当地流行的致病性大肠杆菌株制成的菌苗。在给孕母牛接种后，能有效地控制犊牛腹泻症的发生。加强饲养管理，对妊娠后期母牛要供应充足的蛋白质和维生素饲料，对新生犊牛应及时饲喂初乳。加强妊娠母牛和犊牛的饲养管理，注意牛舍干燥和清洁卫生；母牛临产时用温肥皂水洗去乳房周围污物，再用淡盐水洗净擦干。坚持对牛舍、牛栏、牛床、运动场和环境用5%福尔马林彻底消毒。防止犊牛受潮和寒风侵袭，乱饮脏水，以减少病原菌的入侵机会。犊牛出生后应尽早哺足初乳，增强犊体抗病能力。一旦发现病犊牛要加强护理，立即隔离治疗。

14. 新生犊牛窒息如何救治?

病因和症状：该病是指犊牛出生后呼吸机能障碍，或没有呼吸仅有心跳。常因分娩时产道狭窄、胎儿过大或胎位异常，助产迟延引起。也见于倒生时，脐带受到挤压，使胎盘血液循环减弱或停止，导致胎儿过早呼吸，以致吸入羊水，发生窒息。还见于胎儿出生后，鼻端抵在地上或墙角，不能呼吸，而造成窒息。轻度窒息，犊牛呼吸微弱，不均匀，张口喘气，舌脱出于口角外，口鼻内充满羊水和黏液，脉弱，肺部听诊有湿啰音，全身软弱，可视黏膜发紫，心跳快。严重窒息，没有呼吸，反射消失，可视黏膜苍白，仅有微弱心跳。

救治：擦净犊牛口、鼻腔内的羊水，或倒提两后肢，使吸入的羊水流出。然后有节律地轻压犊牛胸部，进行人工呼吸，有条件的可以输氧。针刺鼻盘的鼻中穴、鼻俞穴、承浆穴、山根穴等穴位，以诱发呼吸。兴奋呼吸中枢，用尼可刹米、山梗菜碱、安钠咖等呼吸中枢兴奋药物，轻度窒息的犊牛一般都可救活。恢复呼吸后，还应立即纠正酸中毒，静脉注射5%碳酸氢钠50~100mL。为防止继发肺炎，可肌内注射抗生素。

15. 如何防治犊牛消化不良?

病因：犊牛消化不良症是消化机能障碍的统称，是哺乳期犊牛常见的一种胃肠疾病，其特征为不同程度的腹泻。该病对犊牛的生长发育危害极大，要及时治愈，必须弄清引发该病的原因，并采取综合防治措施，方能奏效。母畜与幼畜饲养管理不当。发病多在吸吮母乳不久，或过1~2d发病。犊牛吃不到初乳或量不足，使体内形成抗体的免疫球蛋白来源贫乏，导致犊牛抗病力低。如乳头或喂乳器不清洁，人工给乳不足，乳的温度过高或过低，由哺乳向喂料过渡不好等，均可引起该病发生。妊娠母畜的不全价营养，尤其是蛋白质、维生素、矿物质缺乏，可使母畜的营养代谢紊乱，影响胎儿正常发育，使犊牛发育不良，体质衰弱，抵抗力低下。如母乳中缺乏维生素A时，可引起犊牛消化道黏膜上皮角化；维生素B不足时，可使胃肠蠕动机能障碍；维生素 C 缺乏时，可减弱幼畜胃的分泌机能。犊牛周围环境不良，如温度过低、圈舍潮湿，缺乏阳光，闷热拥挤，通风不良等。

症状：该病以腹泻为特征，初期犊牛精神尚好，以后随病情加重出现相应症状。腹泻粪便呈粥状、水样，呈黄色或暗绿色，有臌气及腹痛症状。脱水时，心跳加快，皮无弹性，眼球下陷，衰弱无力，站立不稳。当肠内容物发酵腐败，毒素吸收出现自体中毒时，可出现神经症状，如兴奋，痉挛，严重时嗜睡，昏迷。

治疗：施行饥饿疗法。禁乳 8~10h，此间可口服补液盐，即氯化钠 3.5g、氯化钾 1.5g、碳酸氢钠 2.5g，葡萄糖 20g，加水至 1 000mL，按每千克 50~100mL 标准补给。排出胃肠内容物，用缓泻剂或温水灌肠排出胃肠内容物，促进消化，可补充胃蛋白酶和适量维生素 B、维生素 C。服用抗菌药物。为防止肠道感染，可服用卡那霉素每千克体重 0.005~0.01g。为防止肠内腐败，发酵，也可适当用克辽林、鱼石脂、高锰酸钾等防腐制酵药物。

预防：加强母畜妊娠期饲养管理，尤其妊娠后期应给予充足的营养，保证蛋白质、维生素及矿物质的供应量；改善卫生条件及饲养护理措施；犊牛出生后要尽早吃到初乳，圈舍既要防寒保暖，又要通风透光。定期清洗消毒，更换垫草等。

16. 如何诊治犊牛脐疝?

病因：脐疝是指腹腔内脏器官经脐孔脱出至皮下。常因犊牛脐先天性缺损、脐部发炎及其他脐部的损伤，造成脐孔的闭合不良、过大，在摔跌或强力挣扎时，腹内压剧增，致使腹腔内脏器官（如大网膜、肠管、胃等）通过脐孔脱出至皮下而形成疝。

症状：在脐部可见球状的柔软隆起，触诊隆起内有滑动感，听诊有时可听到肠管蠕动音，若疝内容物与疝孔发生嵌闭则无此现象。病初，用手推挤包裹内容物，可将其还纳回腹腔内，若脐孔过大则松手后又会脱出。随着病程的延长，疝的内容物可能与疝囊粘连而不能再还纳回腹腔，同时隆起部皮肤出现水肿，多有热痛反应。病程长者，常导致内容物循环不畅发生淤血、坏死。

治疗：先作局部消炎处理，如有全身症状，还须全身应用抗生素。脐带断端未脱落的，可用5%碘酒充分浸泡，再紧靠脐孔处结扎脐带。脐带断端脱落的，可用5%碘酒或10%福尔马林在患部涂抹，每天2~3次，或用硝酸银棒或硝酸银溶液腐蚀，连用3d，刺激肉芽生长，可自然封闭脐尿孔。若上述方法无效，必须进行手术。

17. 如何防治牛疥癣病？

病因：牛疥癣病是由疥螨和痒螨寄生在体表引起的慢性、寄生性皮肤病。由于皮肤乳头层的渗出作用，开始患部皮肤形成结节和水疱，蹭破后流出渗出液和血液。渗出液与被毛、皮屑、污物混合在一起，干燥后形成痂皮。随着病情的发展，使毛囊和汗腺受到损伤，表皮过度角质化，结缔组织增生，皮肤逐渐肥厚，失去弹性而形成皱褶和龟裂。

症状：发病的部分黄牛个体消瘦，颈部、肉垂、肩侧皮肤出现结节、水疱。由于剧痒，病牛不停地舔舐或向周围的围栏摩蹭患部，引起皮肤损伤和被毛脱落，结节和水疱蹭破后流出渗出液和血液，干燥后形成痂皮和龟裂。实验室检验及诊断时在皮肤的患部与健康部的交界处刮取皮屑，刮取的皮屑放入平皿内将皿置于40~45℃温水中加温15min后，翻转平皿，在显微镜下检查，结果发现椭圆形的吸吮疥虫。根据临床症状、实验室检验结果诊断为牛疥癣病。

防治：先用小刀或竹篾刮去痂皮后用1%敌百虫溶液涂擦患部及患部周围的健部，每天1次。口服阿维菌素，每千克体重0.03g。一周后重复用药一次。对圈舍、饲槽、围栏用20%草木灰水进行消毒，每天1次。

18. 如何防治牛血肿？

病因及症状：血肿是当机体受到挫伤时，血管破裂，在组织间形成的血液团块。外伤后立即出现，并迅速增大，界限不清，局部不增温，有明显的波动和弹性，局部皮肤较为紧张。经3~5d后，肿胀处变硬，触之出现捻发音，局部温度增高，淋巴结肿大。通常在发病1周内，肿胀中央可有明显波动，穿刺能抽出血液。大动脉受伤后，可形成搏动性血肿，听诊时可听到特殊的流水音。血肿被感染后，可形成脓肿。

治疗：病初患部剪毛，用5%碘酊涂布，装压迫绷带以防血肿发展。小的血肿经一定时间可自行止血。对大的血肿，可用10%氯化钙150~200mL，一次静脉注射；或用1%仙鹤草素注射液20~50mL，肌内注射；或用维生素K 120~30mL，肌内注射。也可在发病后4~5d，在无菌条件下，进行手术切开，取出血凝块。对动脉性血肿应切开，结扎出血的血管。对已感染的血肿，应迅速手术切开，进行开放治疗。

第四节　牛营养缺乏和营养代谢病性疾病

1. 如何防治微量元素缺乏病？

缺铜：多发生于役牛，尤以犊牛为甚。表现为消瘦、贫血，母牛产后尿中出现蛋白、泌乳量下降；毛褪色、粗糙；犊牛生长缓慢、常拉稀、易骨折、关节肿大、僵硬、蹄尖着地、红细胞和血红蛋白下降。此症多由饲料中含铜量不足，或含钼、锌、铁、铅及碳酸钙等过多引起。防治方法是，每4~6个月给牛注射400mL乙二胺四乙酸钙铜、氨基乙酸铜、甘氨酸铜等；也可将硫酸铜按饲喂食盐量的0.5%混合，让牛舐食，隔数日一次。

缺碘：临床表现为甲状腺肿大、生长发育缓慢、消瘦、贫血、被毛脱落、繁殖力下降。诱因为饲料或饮水中碘含量不足，可在饲料中加入适量的含碘盐或在1kg食盐中加碘化钾250mg；也可以每天补给碘酊2~5滴或添加1%碘化钾液，即1mL碘化钾加100mL水，让牛自饮。

缺硒：凡饲料中含硒量低于0.05mL/kg，便会引起此病，尤以犊牛为甚。此症多集中在冬末或春夏季节，2—5月易发生。症状表现为精神不振、肢体僵硬、呼吸加快、心跳快而节律不齐、全身肌肉发抖、站立不稳、步态摇晃、严重时四肢瘫痪、厌食、便秘或拉稀，后期出现水肿，很快死亡。防治方法是用0.9%亚硒酸钠注射治疗，犊牛每次每头 5~10mL 肌内注射，大牛用量酌加，每 10~20d 重复一次，效果明显。

缺锌：缺锌的牛皮肤粗糙且增厚，类似皮炎症状，可达全身40%左右，主要以鼻镜、肛门、外阴、尾尖、耳部、后肢、颈部等最明显，此症主要是由饲料中缺乏锌元素，或饲料中含钙过多引起。治疗此症，可在饲料中添加硫酸锌或碳酸锌 0.02%，严重者可每千克体重注射硫酸锌 2~4mL。

2. 如何防治牛维生素 A 缺乏症?

病因：该病是由于饲料中维生素 A 及维生素 A 原-胡萝卜素不足或缺乏所引起的一种营养代谢病。

症状：病初呈夜盲症状，在月光或微光下看不见障碍物。以后角膜干燥，羞明流泪；角膜肥厚、浑浊；皮肤干燥，被毛粗乱，皮肤上常积有大量麸样落屑；运动障碍，步态不稳；体重减轻；营养不良，生长缓慢。常伴有角膜炎、霉菌性皮炎、胃肠炎、支气管炎和肺炎等。母牛易发生流产、早产、死胎或生出瞎犊、角膜瘤、裂唇等先天性畸型犊牛，母牛产后常有胎衣不下现象；出生犊牛生活力差，在短时间内死亡。公牛由于精子畸型和活力差，受胎率降低。犊牛主要表现食欲减退，消瘦，发育迟滞，有时前肢和前躯皮下发生水肿。

治疗：发生维生素 A 缺乏症时，应立即更换饲料，多喂富含胡萝卜素的饲料；内服鱼肝油，成年牛 50~100mL，犊牛 20~50mL，每天 1 次，连续数天。或用维生素 A 注射液，肌内注射 5 万~7 万国际单位，每天 1 次，连续 5~10d。也可一次大剂量注射（50 万~70 万国际单位）。给予抗生素和磺胺药以预防并发感染，同时，采取对症治疗，如消化不良给予健胃药，腹泻时给予消炎止泻药等。

预防：主要是合理配合日粮，加强饲料保存，保证饲料中有足够胡萝卜素含量；注意肝脏疾病和胃肠疾病的预防和治疗；对妊娠母牛要适当运动，多晒太阳。

3. 如何防治牛佝偻病?

病因: 佝偻病是以消化机能紊乱跛行和长骨弯曲变形等为特征的全身性矿物质代谢性疾病。佝偻病是由于日粮中钙或磷含量不足或钙与磷比例不当,以及维生素D缺乏等致病。

症状: 病初呈现精神沉郁,食欲减退并异嗜,不爱走动,步态强拘,跛行。病情进一步发展,前肢腕关节外展呈"O"形姿势,两后肢跗关节内收呈"X"形姿势。生长发育延迟,营养不良,贫血。

治疗: 佝偻病的治疗,主要是应用大剂量维生素D制剂和矿物质补饲。应注意剂量不宜过大,不然会导致钙在组织中沉积的副作用。矿物质补饲的除应用氧化钙、磷酸钠、磷酸钙(20~40g/d)等与饲料混合外,也应注意钙与磷比例问题,最适宜的钙与磷比例为2∶1,首选矿物质补料为骨粉。除重型的犊牛外,在用上述的补饲措施后,可收到较好效果,此外,还可在用8%磷酸钠注射液100mL,静脉注射治疗的同时,给病犊牛饲喂豆科牧草、优质干草等更有利于康复。

预防: 加强对妊娠牛和哺乳牛的饲养管理,经常补充维生素D和钙;犊牛要经常运动,多晒太阳,给予良好的青干草和青草;及时治疗胃肠道疾病及体内寄生虫病。

4. 如何防治牛骨软症?

病因: 骨软症是以消化机能紊乱、异嗜、跛行、骨质疏松和骨骼变形等为特征的全身性矿物质代谢性疾病。该病是由于成年牛饲料中缺磷所引起的磷钙代谢紊乱性疾病。主要因长期单纯喂给钙多于磷的饲料,或钙、磷均少的饲料,导致钙磷比例不平衡而发病。妊娠牛因胎儿生长的需要,以及产奶盛期,大量钙磷随乳排出,均可使体内钙磷相对缺乏。

症状: 病初常以前胃弛缓的症状为主。奶牛常伴发腐蹄病,骨软症奶牛发情延迟或呈持久性发情,受胎率低、流产和产后胎衣停滞等。病势进一步加重,骨骼严重脱钙,易发骨裂、骨折及腱附着点剥脱。泌乳奶牛产奶量明显减少,有的伴发贫血和神经症状。

诊断：根据病史调查、临床症状特点，结合实验室检验指标变化以及 X 光检查等，可做出病性诊断。注意与肌肉风湿、氟中毒、慢性铅中毒、锰铜缺乏症蹄叶炎等区别。

治疗：① 饲料中补加钙制剂，如碳酸钙、乳酸钙、南京石粉等，每日 30~50g，连用数日。② 静脉注射 10%氯化钙 200~300mL，或用 10%葡萄糖酸钙 500mL，或用 20%磷酸二氢钙溶液 300~500mL，每天 1 次，连用 5~7d。③ 维生素 AD 注射液 15 000~2 000 单位，或维丁胶性钙 20mL，每日 1 次，连续数日。

预防：平时按饲养标准配合日粮，保证日粮中钙、磷含量及其比例，一般钙磷比例在（1.5~2）：1，不要低于 1：1，或超过 2.5：1，适当运动，多晒太阳。

5. 如何防治牛白肌病?

病因：该病是由于硒和维生素 E 缺乏所引起的一种疾病。以骨骼肌和心肌发的变性、坏死为特征。犊牛（1~3 月龄）多发，常呈地区性发生。主要是因牛采食缺硒地区的饲草或不能很好地吸收利用土壤中硒的饲草、饲料而引起硒缺乏；长期舍饲含维生素 E 很低的草或长期放牧在干旱的枯草牧地，引起维生素 E 不足或缺乏；采食丰盛的豆科植物，或在新近施过含硫肥料的牧地放牧，也会导致维生素 E 缺乏和肌营养不良。此外，含硫氨基酸（胱氨酸、蛋氨酸）的缺乏，各种应激因素的刺激，也可成为诱发白肌病的因素。

症状：该病按病程可分为最急性、急性和慢性 3 种病型。最急性型，不表现任何异常，往往在驱赶、奔跑、蹦跳过程中突然死亡。急性型，病牛精神沉郁，可视黏膜淡染或黄染，食欲大减，肠音弱，腹泻，粪便中混有血液和黏液，体温多不升高。背腰发硬，步样强拘，后躯摇晃，后期常卧地不起，臀部肿胀，触之硬固。呼吸加快，脉搏增数，犊牛达 120 次/min 以上。慢性型，病牛运动缓慢，步态不稳，喜卧。精神沉郁，食欲减退，有异嗜现象。被毛粗乱，缺乏光泽，黏膜黄白，腹泻多尿，脉搏增数，呼吸加快。

治疗：常用 0.5%亚硒酸钠液 8~10mL，肌内注射，隔 20d 再注一次；维生素 E 注射液 50~70mL，肌内注射，每天 1 次，连用数日。

同时，应进行对症处置。

预防：平时加强妊娠牛和犊的饲养管理，冬季多喂优质干草，增喂麸皮和麦芽等。在产前2个月，每日可补喂卤碱粉10g。在白肌病流行地区，入冬后对妊娠牛每两周肌注维生素E 200~250mg，每20d肌内注射0.1%亚硒酸钠液10~15mL，共注射3次。对犊牛也可采用同样的预防方法，剂量减半。

6. 如何防治低血镁抽搐?

病因：低血镁抽搐也叫青草搐搦，是以兴奋、痉挛等神经症状为特征的矿物质代谢性疾病。本病是由于极为复杂的无机物代谢异常，特别是镁代谢障碍引起的。包括：土壤中镁缺乏和钾过多、发病季节和天气因素、牧草中矿物质含量不平衡、品种年龄和泌乳因素。

症状：本病在临床上以低镁血性痉挛为特征性症状，在发病的前1~2d呈现食欲不振，精神不安、兴奋，有的精神沉郁，步样强拘，后肢摇晃。在寒冷、多雨的初春和秋季，放牧在人工草场上的牛群呈现兴奋痉挛等神经症状，可怀疑本病，最终诊断需血镁含量的测定结果。

治疗：针对病性补给镁和钙制剂有明显效果。通常将氯化钙（30g）和氯化镁（8g）溶解在蒸馏水（250mL）中煮沸消毒，缓慢地静脉注射。还可将8~10g硫酸镁溶解在500mL的20%葡萄糖酸钙溶液中制成注射液，在30min内缓慢地静脉注射，均取得较好疗效。

除上述药物治疗外，可针对心脏、肝脏、肠道机能紊乱等情况，给些对症疗法的药物，以强心、保肝和止泻等为主，必要时应用抗组胺制剂进行治疗。在护理上应将病牛置于安静、无过强光线和任何刺激的环境饲养。对不能站立而被迫横卧地上的病牛应多敷褥草，时时翻转卧位，并施行卧位按摩等措施，防止褥疮发生。

预防：

① 草场管理。对镁缺乏土壤应施用含镁化肥，当然其用量按土壤pH值、镁缺乏程度和牧草种类而有所差别。一般为提高牧草的镁含量，可在放牧前开始每周对每100m^{2}草场撒布3kg硫酸镁溶液（2%浓度）。同时要控制钾化肥施用量，防止破坏牧草中矿物质的

镁、钾之间平衡。

② 对放牧牛群的措施。首先要对牛群进行适应放牧的驯化，在寒冷、多雨和大风等恶劣天气放牧时，应避免应激反应，防止诱发低镁血症。所以，对放牧牛群，在放牧前一个月就应进行驯化，使其具有一定适应能力；其次是补饲镁制剂，放牧牛群，尤其是带犊母牛，在放牧前 1~2 周内可往日粮中添加镁制剂补料；再者，在本病易发病期间，除半天放牧外，宜在补饲野草和稻草的同时，在饮水和日粮中添加氯化镁、氧化镁和硫酸镁等，每头牛每天补饲量不超过 50~60g 为宜。最近，有的国家为预防本病发生，在牛网胃内置放由镁、镍和铁等制成的合金锤（长约 15cm）任其缓慢腐蚀溶解，可在 4 周内起到补充镁的作用。

7. 如何防治牛腐蹄病?

病因：该病是指发生于蹄间的腐败性皮肤炎症。特征是患蹄局部腐败、恶臭、剧烈疼痛。一般以舍饲牛和乳牛发生较多。多因厩舍泥泞不洁，运动场积粪、积尿未及时清理，有砖、瓦碎片等尖锐物，当牛蹄被刺伤，或蹄角质变软，蹄冠和蹄壁有裂缝时，都可被各种腐败菌侵入感染而发病，营养不良及平时护蹄不当，均可促发本病。

症状：该病可分为急性和慢性两种病型。急性型，为一肢或数肢突发跛行，患部皮肤潮红、肿胀、疼痛，频频举肢。严重时，蹄球、蹄冠发生化脓、腐烂，流出恶臭脓性液体。病牛体温升高，达 40~41℃，精神沉郁，食欲不振，产乳量下降。后期蹄匣角质脱落，多继发骨、腱、韧带的坏死，严重者可致蹄匣脱落。慢性型，病程较长，可达数月，炎症由蹄部向深部组织及周围组织蔓延时，可引起患肢部粗大，皮肤被毛脱落，有时可在蹄冠、蹄球等部位形成瘘管，患牛高度跛行，有时可继发败血症而死亡。检查蹄部，病初可见患蹄趾间皮肤红肿，温热。后期，蹄底部出现大小不一的腐败孔洞，周围坏死组织呈污灰色或黑褐色，孔洞流出恶臭液体。有的在削蹄后可发现蹄底角质腐烂，从腐败形成的孔洞中流出污黑恶臭的液体。

治疗：除去坏死组织，彻底消毒，修削坏蹄，扩大蹄底腐败孔，排尽孔内渗出液，彻底挖除腐败坏死组织，须挖到流出鲜血为止。然后应用饱和硫酸铜或5%碘酊消毒，再撒布高锰酸钾粉、硫酸铜粉末。在清创后，于患部撒布青霉素鱼肝油乳剂（青霉素20万单位溶于5mL蒸馏水中，再加50mL鱼肝油，混合），或用磺胺粉。深部腐烂者，在彻底挖除坏死组织后，可用松馏油纱布堵塞，外系蹄绷带，1~2周更换绷带一次，到孔口愈合。病情严重者，可结合全身抗生素或磺胺类药物治疗。

预防：平时要注意蹄部的护理和修整，保持厩舍、运动场的清洁干燥，清除各种尖锐物，必要时可设消毒槽，槽中放入1%~3%硫酸铜溶液。对病牛隔离饲养，彻底消毒污染场所，可有效减少发病。

8. 如何防治母牛睡倒站不起来综合征？

病因：母牛睡倒站不起来综合征是指母牛分娩前后以不明原因而突发起立困难或站不起来为主征的临床综合征，低钙血症、低磷血症以及低镁血症等继发性疾病。对蛋白需求量过多的妊娠母牛，在分娩前未给予足够的补饲。瘤胃内异常发酵过程产生的有毒物质，以分娩为契机造成毒物中毒。

症状：病牛后躯肌肉麻痹、松弛和乏力等，致使站立困难甚至站不起来。精神机敏，食欲正常，瘤胃机能正常。心跳次数增多，脉细而弱，心律不齐。

诊断：根据临床症状和病理变化来建立病性诊断。通过应用钙制剂治疗后反应，对非典型乳热和母牛睡倒站不起来进行区别诊断。

治疗：由于本病病因及病性等尚不十分清楚，治疗原则只能实行对症疗法。即针对低钙血症、低磷血症等进行治疗的同时，也要对并发症进行治疗。首先，应用25%葡萄糖酸钙注射液500mL，缓慢静脉注射。若病牛症状无明显改善时，可隔8~12h后再用药1次。必要时结合乳房送风疗法（限于无乳房炎病牛），疗效较为明显。应用上述药物治疗无效的病牛（即母牛睡倒站不起来型），可改用磷制剂、镁制剂等治疗，如磷制剂可用15%磷酸二氢钠注射液200mL，加复方生理盐水1 000mL，缓慢静脉注射；钾制剂可用5%氯化钾注射液10~20mL/kg体重，加注5%葡萄糖注射液2 000mL，缓慢静脉注射；镁制剂可用20%~25%硫酸镁注射液100~200mL静脉注射。对神经、肌肉和骨骼等继发性外科损伤或各种并发症，应酌情采取各自的相应对症疗法。对病牛进行治疗的同时，也必须加强护理，如饲养于宽敞场地或牛舍，床面垫敷大量锯末、沙土或褥草，以防滑倒以及卧地发生褥疮，对侧卧病牛还要每天定时翻转卧位或按摩全身以促使血液循环，杜绝褥疮发生。若有条件最好人为将病牛吊起，强迫站立，周身喷洒酒精后用草把按摩。对腰、臀部还可用针灸疗法，有的奏效。对球节呈突球状屈曲姿势的病牛，可应用绷带整复固定。其他以强心、利尿以及促使肝脏解毒功能等为目的，可进行营养性药物治疗。

预防：预防本病发生时，可参照产后瘫痪的预防措施。在平时加强饲养管理的基础上，对妊娠母牛分娩前1~2周起，将其饲养在宽敞产房待产，绝对不要拴系牛舍内饲养待产。从分娩前2~8d开始，肌内注射维生素D_3制剂1 000IU，有明显减少本病发生的效果。

9. 如何防治奶牛酮病？

病因：酮病，是由于糖、脂肪代谢障碍，使血液中酮体含量异常增多，出现以消化机能障碍为特征的一种营养代谢病。主要是因日粮中精料与粗饲料比例不当，如精料过多，而粗饲料不足，矿物质缺乏，导致能量代谢紊乱，酮体生成增多。当奶牛患真胃变位、创伤性网胃炎、子宫内膜炎、产后瘫痪、低钙血症、低磷血症、低镁血症等疾病时，常引起脂肪代谢障碍，造成继发性酮病。

症状：分娩后几天至数周内发病，精神沉郁，食欲反常，初期拒食精料，吃少量粗饲料，后期食欲废绝，瘤胃蠕动减弱或停止，反刍、嗳气紊乱。泌乳下降或停止，明显消瘦，严重脱水，皮肤弹性降低，被毛粗乱无光泽。病牛站立时拱腰，垂头，眼半闭，有时眼睑痉挛，步态不稳，易摔倒。有的病牛兴奋不安，摇头，呻吟，磨牙，肩胛及肷部肌肉不时抽搐，或前奔，或后退。排出球状的少量干粪，附有黏液，或排出带臭味的软便。呼出气和挤出的乳汁有丙酮气味。体温一般正常，或偏低。

治疗：补充葡萄糖，每天不少于1 000g，口服或静脉注射。也可用丙酸钠、丙三醇250~500g，内服，每天2次，可收到较好效果。还可用促肾上腺皮质激素100~200单位，氢化泼尼松0.2~0.4g或地塞米松 10~20mg，1 次肌内注射，若与葡萄糖溶液并用，疗效更好。为解除酸中毒，可用5%碳酸氢钠 500~1 000mL，1 次静脉注射。维生素 A 每千克体重 500 单位内服，维生素 C 2g、维生素 E 1 000~2 000mg，1 次肌内注射，可收到一定辅助效果。有神经症状的，可用水合氯醛或氯丙嗪等药物治疗。

预防：饲喂含足够蛋白质、能量和微量元素的全价日粮。对于泌乳期的牛更要如此。牛既不能营养不良，也不要过于肥胖。妊娠后期，限制挤奶次数，饲喂优质牧草，避免饲喂发酵青贮。分娩前后，可投喂丙酸钠，每次 120g，每天 2 次，连用 10d，预防效果较好。在管理上，要做到厩舍清洁，冬暖夏凉，空气流通，牛床干燥，环境舒适。妊娠后期，应在平坦运动场做适量运动。此外，对前胃疾病、真胃变位、产科病和各种中毒病等，应早期确诊，及时治疗，以减少继发酮病。

第五节　寄生虫病的防治

1. 如何防治牛肺线虫病？

病因：该病是几种网尾线虫寄生在牛的支气管、气管内引起的疾病。病原主要是丝状网尾线虫和胎生网尾线虫。雌虫排卵，随支气管、气管分泌物到达咽或口腔，经吞咽进入胃肠内，随粪便排出体外。在外界适宜的条件下，可发育为有感染性的幼虫。在湿润的环境中，如清晨有露水时，这种幼虫喜欢在草上爬，当牛吃进感染性幼虫后，幼虫边发育边侵入肠壁的血管、淋巴管，随着血液循环到肺部，从血管钻进肺泡，从肺泡逐渐游向支气管、气管，在那里成熟、产卵。虫卵在外界的发育条件是温暖潮湿，因此春夏是本病的主要感染季节。

治疗：应用丙硫苯咪唑，每千克体重 5~10mg，配成悬液，一次灌服。四咪唑，可气雾给药，在密闭的牛舍内进行，喷雾后应使牛在舍内待 20min。1%伊维菌素注射剂，每千克体重 0. 02mL，一次皮下注射。氰乙酰肼，每千克体重 17. 5mg，口服，总量不要超过 5g。发病初期只需一次给药，严重病例可连续给药2~3次。

预防：一是要到干燥清洁的草场放牧，要注意牛饮水的卫生。二是要经常清扫牛舍，对粪尿污物要发酵，杀死虫卵。三是要每年春秋两季，或牛由放牧转为舍饲时，集中进行驱虫。但驱虫后的粪便要严加管理，一定要发酵杀死虫卵。

2. 如何防治牛血吸虫病?

病因：牛血吸虫病是人畜共患的寄生虫病，以肝硬化、脾脏肿大、拉稀、便血、腹水等为特征。患病的人、畜病的人、畜均丧失劳动力。牛血吸虫有日本血吸虫和鸟毕血吸虫两种，在国外还有埃及血吸虫和曼氏血吸虫，但为害最大的是日本血吸虫。

症状：本病在四川等南方7省严重流行。患病后呈现急性发病、慢性发病和无症状带虫3种类型。其中急性型不多，多数是慢性型发病。严重感染日本血吸虫的病牛，主要症状是腹泻、大便中带有脱落下来的黏膜和血液，发病后期则大便失禁，排出的粪便多为糊状；奶牛产乳量下降，母牛不发情，也不受孕，怀孕的牛造成流产；严重者可患肝硬化，脾脏肿大，大量腹水，使腹部膨胀。患鸟毕血吸虫病的病牛，往往不显任何症状，但其尾蚴可以感染人，称稻田性皮肤，在我国水稻产区比较普遍。诊断时通过粪便过滤沉淀孵化法（简称沉孵法），观察到毛蚴确诊依据。

防治：① 吡喹酮70~80mg/kg体重，口服，也可用20%吡喹酮石蜡注射液，25~40mg/kg体重，深部肌内注射，是目前安全有效的疗法，驱虫率达到100%。② 硝硫氰醚（7804），剂量为15~20mg/kg体重，以10%水悬液第三胃注射，或35~40mg/kg体重，口服。③ 预防的三大要素是驱虫、灭螺、管粪。每年定期以牛进行普查。④ 要管好水，防止水源污染。⑤ 粪便要及时收集堆积发酵，严防污染水源。对于病牛和带虫牛的粪便，要在无害化处理后才可利用。

3. 如何防治牛绦虫?

病因：该病是由寄生在牛小肠中的几种绦虫引起的一种寄生虫

病，主要有扩展莫尼茨绦虫、贝莫尼茨绦虫、曲子宫绦虫等。这些绦虫的形态和发育过程都差不多。如扩展莫尼茨绦虫是长袋状、分节的，颜色乳白，长可达10m。其孕卵节片脱落后，随牛的粪便排出体外。这种节片被一种叫土壤螨的昆虫吞食，虫卵发育成感染性幼虫。在牧场地，这类土螨很多，它们在早晚有露水和阴天时，喜欢爬到草叶上，牛吃草时就被虫卵感染。感染性虫卵在牛的小肠，经约40d即发育为成虫。犊牛易感性高，病情也较重。大量绦虫寄生时，可引起小肠发生狭窄、阻塞或破裂。绦虫一昼夜可长8cm，要夺取很多营养，加上分泌的毒素作用，可影响牛的消化和代谢，妨碍犊牛的生长。

治疗：应用硫双二氯酚（别丁），每千克体重40~60mg，一次灌服；丙硫苯咪唑，每千克体重10~20mg，制成悬液，一次灌服。氯硝柳胺，每千克体重60~70mg，制成悬液，一次灌报。吡喹酮，每千克体重50mg，一次灌服。1%硫酸铜液，犊牛每千克体重2~3mL，一次灌服。

预防：可在放牧后一个月左右对牛群进行一次驱虫。驱虫2~3周后再驱一次，有利于驱杀感染的幼虫。如有条件，可对土壤螨多的牧场，结合草库伦建设和轮牧进行有计划的休牧，两年后螨的数量可明显减少。

4. 如何防治牛囊尾蚴病？

病因：该病又称牛囊虫病，是人牛带绦虫的幼虫（叫作牛囊尾蚴）寄生在牛的肌肉组织中所引起的一种寄生虫病。病人空肠中的牛带绦虫长达5~10m，最长的有25m，带状，乳白色。它的卵随人的粪便排出体外，污染草场和饮水。在有些牧区，卫生条件差，人随地大小便极常见。牛在采食或饮水时，经口将虫卵吃进体内。在牛的消化道内，虫卵的膜被破坏，卵中的“六钩蚴”被释放出来。钻进肠壁，进入血液循环，到达牛全身的肌肉组织，主要部位是舌肌、咬肌、心肌、三头肌、颈肌、臀部肌肉，有时在肺、肝、脑、脂肪组织内也可出现。经10~12周，发育为牛囊虫。人吃了含牛囊虫的不熟牛肉后，牛囊虫在人小肠内经2~3个月发育成牛带状绦虫，在人体内可存活 20~30 年。对本病犊牛比成年牛更容易感染。

治疗：无特别有效的方法，可试用吡喹酮或甲苯咪唑，前者每千克体重 50mg，灌服；后者每千克体重 10mg，灌服。

预防：主要是做好人牛带绦虫的普查和驱虫。可用仙鹤草、氯硝柳胺、槟榔南瓜籽合剂、吡喹酮、丙硫咪唑等药物，给病人驱虫。在农村、牧区修建厕所，管好人便，加强牛的管理，不让其接触人粪。加强牛肉的卫生检疫，对有病的牛肉按规定进行处理，不准进入市场。人不吃生牛肉，牛肉一定要熟透后再吃。

5. 如何防治牛皮蝇蛆病?

病因：牛皮蝇蛆病是牛皮蝇和纹皮蝇的幼虫寄生于牛背部皮下组织所引起的一种慢性寄生虫病，属三类疫病。特征是背部皮下出现明显的三硬肿。

症状：雌蝇在牛体上产卵时，牛惊恐不安，四处逃避，呈现喷鼻、踢蹴、奔跑。幼虫孵出后钻进皮肤并在皮下移行，引起牛瘙痒、疼痛和不安。幼虫移行到背部皮下，局部硬肿，随后皮肤穿孔，流出血液或脓汁，可从孔内挤出幼虫。病牛长期受扰而消瘦、贫血。牛皮下局部发生硬肿，并发生皮肤穿孔，直接影响牛皮的质量和经济效益。同时，影响牛的生长、发育等生产性能。

防治：① 驱蝇防扰，每年 5—7 月，每隔半月向牛体喷洒 1 次 0.5%蝇毒磷或 1%敌百虫，防止皮蝇产卵。② 患部杀虫，挤出幼虫并加以处死或用针刺死硬结里的幼虫，伤口涂以碘酒，同时可用倍硫磷以每千克体重 5mg 作臀部肌内注射，或每千克体重注射皮蝇磷 100mg。

6. 如何治疗牛棘球蚴病?

病因：该病又称包虫病，是由多种棘球绦虫的幼虫，即牛棘球蚴寄生在牛的肺、肝、肠系膜等处引起的一种寄生虫病。在我国，该病主要是由细粒棘球绦虫引起。细粒棘球绦虫成虫仅 2~8mm 长，寄生于犬、狼等动物的小肠内。虫卵随犬、狼的粪便排出体外，污染饲草、饲料、饮水和环境，牛经口感染，虫卵在牛的肠内释放出“六钩蚴”，钻进肠壁，随血液循环到达肝、肺等器官，经半年到一年的生长，发育成为有感染性的棘球蚴。这些棘球蚴，大小和形状不同，有的形成大囊，有的是由许多小囊构成的瘤状体，在体内可存活数年。由于棘球蚴的压迫，可造成器官局部的萎缩，也影响器官的机能。当犬吃了含棘球蚴的牛肉后，经 40~50d 后，在肠内发育成细粒棘球绦虫。

治疗：可试用吡喹酮、丙硫咪唑等。

预防：一是对饲养的犬进行驱虫。二是有病的牛羊肉和脏器不喂犬。给犬驱虫，常用氢溴槟榔碱（每千克体重 2mg，灌服）、吡喹酮（每千克体重 5mg，灌服）、氯硝柳胺（每千克体重 125mL，制成悬液，灌服）。

7. 如何防治牛疥癣病？

病因：牛疥癣病是由疥螨和痒螨寄生在体表引起的慢性、寄生性皮肤病。由于皮肤乳头层的渗出作用，开始患部皮肤形成结节和水疱，蹭破后流出渗出液和血液。渗出液与被毛、皮屑、污物混合在一起，干燥后形成痂皮。随着病情的发展，使毛囊和汗腺受到损伤，表皮过度角质化，结缔组织增生，皮肤逐渐肥厚，失去弹性而形成皱褶和龟裂。

症状：发病的部分黄牛个体消瘦，颈部、肉垂、肩侧皮肤出现结节、水疱。由于剧痒，病牛不停地舔舐或向周围的围栏摩蹭患部，引起皮肤损伤和被毛脱落，结节和水疱蹭破后流出渗出液和血液，干燥后形成痂皮和龟裂。

防治：先用小刀或竹篦刮去痂皮后用 1%敌百虫溶液涂擦患部及患部周围的健部，每天一次。口服阿维菌素，每千克体重 0.03g，一周后重复用药一次。对圈舍、饲槽、围栏用 20%草木灰水进行消毒，每天 1 次。

8. 如何防治牛肝片吸虫病？

病因：该病是肝片吸虫寄生在牛的肝胆管中引起的疾病。肝片吸虫呈棕红色，形状像柳树叶，俗称“柳叶虫”。成虫产的卵，随胆汁进入肠道，最后与粪便一起排出体外。虫卵在温暖的水中发育，在发育过程中，需要进入某些螺的体内繁殖一段时间，然后再从螺的体内跑出，成为有感染性的幼虫。附在草上或在水中。当牛吃草或饮水时，就可造成感染。而后幼虫穿透肠壁进入腹腔，从肝被膜进入肝内并定居于胆管；也可从小肠胆管口爬入胆管内。在胆管内经2~3个月就可发育为成虫，可生存3~5年，但并不排卵。低洼、潮湿、有死水泡子的草场，本病流行严重，感染率可达30%~60%。本病全年均可发生，但夏秋季较多见。

治疗：可选用下列药物，三氯柳胺（肝3号），每千克体重25~30mg，灌服；三氯苯唑（肝蛭净），每千克体重10~15mg，制成混悬液，灌服；硫双二氯酚（别丁），每千克体重40~60mg，灌服；硝氯酚（拜尔9015），每千克体重0.8~1mg，一次皮下注射或肌内注射。

预防：要选择高燥牧场放牧，尽量避开有螺的死水区域；灭螺；对牛进行驱虫，开春一次，入冬一次；牛粪要堆积发酵，杀死虫卵。

9. 如何防治牛球虫病?

病因：该病是由艾美耳科艾美耳属中的球虫寄生于肠道内所引起的一种原虫病。本病所有品种的牛都易感，但犊牛最易感，发病后临床表现也严重。病牛和带虫牛是传染源，其体内的球虫经过复杂的发育阶段，生成卵囊随粪便排出体外。在外界适宜的温度、湿度条件下，卵囊发育为感染性卵囊，健康牛随饲草、饲料、饮水摄入卵囊后即被感染。本病一般发生在4—9月，尤其在低洼、潮湿草场放牧的牛群很容易感染。在冬季舍饲期间也可发病。

症状：潜伏期为2~3周，多为急性经过。初期，病牛精神沉郁，被毛蓬乱，体温正常或略升高，粪便稀薄并混有血液，个别犊牛可在发病后1~2d就死亡。约1周后，症状逐渐加剧，表现为精神委顿，食欲废绝，消瘦，喜躺卧，体温升高到40~41℃，瘤胃蠕动和反刍完全停止，肠蠕动增强，腹泻，粪便中带有血液、黏液和纤维素，恶臭，产奶减少或停止。慢性病例可长期下痢，便血和消瘦，最终死亡。尸体剖检，主要病变是病牛消瘦，黏膜苍白，肛门外翻，肛门周围和后肢被含血稀便污染。盲肠、结肠、直肠发生广泛性出血和坏死，其中含有混杂血液、黏液、纤维素的稀薄内容物，肠系膜淋巴结肿大。

治疗：可选用呋喃西林，每千克体重 7～10mg，每日 2 次，口服，连用 7d；盐酸氨丙啉，犊牛每千克体重 25～66mL，每日 2 次，口服，连用 4～5d。磺胺二甲嘧啶，犊牛每千克体重 100mg，每日 1 次，口服，连用 2d。

预防：在有牛球虫病的地区，应采取隔离、治疗、消毒的综合性预防措施。因成年牛多为带虫牛，故应把犊牛和成年牛分群饲养，分草场放牧，发现病牛要立即隔离治疗。牛舍和运动场要经常打扫，保持清洁和干燥，粪便、垫草要进行发酵，以杀死卵囊。可用热水或 3%～5%热碱水对地面、饲槽、水槽进行消毒，并保持饲草、饲料和饮水清洁卫生。

第八章　经营管理

第一节　人力资源管理

1. 牛场人员招聘原则是什么？

（1）宁缺毋滥。人手紧缺、员工流动性较大是牛场实际情况，但也不能“饥不择食、寒不择衣”，凡是应聘者就接受。因为牛场的每个岗位都有相应的要求和操作规程，必须按照招聘岗位的实际情况和具体要求来招聘员工，而不是仅仅找一个顶替人员，弥补岗位空缺。

（2）以岗招人。以空缺岗位的实际需要招聘员工。部分养牛场，采取的是“以人设岗”，没有尽到人尽其才，甚至是人浮于事，从而影响牛场整体的生产积极性和经济效益。

（3）责任心第一位。牛场每一件工作都需要用心去做，责任心是牛场经营管理中的灵魂。因此，在招聘员工时，首先要把责任心放在第一位。应聘者可以学历不高，但必须要有责任心。具有较强的责任心，以后的工作才能兢兢业业、一丝不苟，才能实现较好的工作业绩。

（4）德才兼备。某些牛场常有部分员工粗暴的打骂、驱赶、虐待牛只，对同事充满敌意，经常惹出各类祸端，对牛场整体生产经营管理工作造成不良影响。有专家指出“有德有才提拔录用，有才无德谨慎使用，无德无才一概不用”是非常经典的用人之道。

2. 牛场人员招聘的渠道有哪些?

(1) 人才市场招聘。通过人才市场招聘人员优点是人才市场有牛场需要的各种人才，尤其是经营管理人才、技术人才和营销人才。缺点是这类人员待遇要求较高、流动性较大，有些人不能适应牛场偏僻封闭的环境和单调乏味的工作。

(2) 职工互相引荐。这一方法最适合于饲养员的招聘工作。由于现有老员工对牛场的生产生活环境、劳动强度、薪金待遇等情况较为熟悉，因此通过引荐方式可以招聘到合适的饲养员。

(3) 其他招聘方法。发布招聘信息，等待应聘者上门或来电咨询，进行员工招录。“顺藤摸瓜”法，就是到牧院或牧校根据相近的专业进行招录应届毕业生作为牛场员工。“按图索骥”法，就是根据现有员工的意向，在某个指定的地点开展招聘工作。

3. 牛场招聘人员上岗前的培训内容有哪些?

牛场新员上岗前必须接受培训。具体内容包括：工作态度培训、牛场文化培训、工作技能和知识培训、牛场规章制度和操作规程培训。

(1) 工作态度的培训。如何让新员工尽快适应牛场工作生活环境，尽快融入牛场团队群体，成为牛场的一分子，让新员工有归属感和认同感。如何让新员工自觉遵守全场规章制度和生产管理制度，使其明确制度的必要性和重要性。制度的真正目的是学习规范的养牛技术，怎样做好本职工作，提升自身的技能知识和管理水平，而不是约束自己。应自觉自发地完成主管人员安排的各类工作任务，并创造性开展工作，给新员工设计可以施展自身价值的平台。

(2) 企业文化培训。加强新员工对牛场企业文化的培训，不但让新员工对牛场产生认同感和归属感，让牛场荣辱和个人相结合，真正做到以场为家，而且对于培养和提高新员工在今后工作中的责任心和执行力十分重要。

(3) 工作技能知识培训。针对不同岗位的新员工培训不同的工作技能知识。生产场长需要接受牛场生产管理、操作规程、员工培训、生产现场问题解决、牛场危机化解和关键点问题控制的培训。兽医需要培训疫病防控、牛病诊断治疗、牛群营养保健方案、饲养要点等。班组长及饲养员培训日常工作流程、饲喂要领、消毒知识和疫病观察上报等。其他工作按照岗位要求作相应的培训工作。

4. 牛场员工绩效考核的标准和方法是什么？

"没有规矩不成方圆"，激励和鞭策是每个管理者做好管理的重要手段之一，失去了这些动力，团队只能随波逐流，业绩平庸。所以，牛场要重视绩效考核，管理者首先要做的事情就是组织大家学习牛场的规章制度和绩效考核的流程，并让员工明白绩效考核的必要性和重要性。其次，要让员工明白，牛场的规章制度和绩效考核并不是为了管束和压迫员工的手段，而是为了员工提升自己的知识能力和管理水平能力，从而为牛场为自己增加效益的重要途径。通过学习引导，让员工从内心认同牛场的规章制度和绩效考核方案，这样员工才不会产生抵触情绪。绩效考核要分年度考核、季度考核和月考核，考核内容应具体化。比如，对于兽医，需要考核犊牛成活率和成本控制等；对于配种员，需要考核产犊间隔等。只有对生产数据和生产成绩进行认真分析，找出问题的所在，牛场的各项措施才能够落到实处，才能得到团队员工的理解和执行，才能得到更好的结果和效益。

职工的报酬根据工作岗位的不同而不同，人们常忽略饲养员对总体经济效益的贡献，而不给予奖励，管理者要在精神上和物质上对饲养员的贡献表示认可。饲养员应得到与其劳动强度和责任大小相称的薪水，并应连同个人表现进行定期检查。奖金可作为整个报酬的一个组成部分，根据工作岗位以及对工作的胜任程度，可按年度、半年度或按月发放。奖金是职工努力工作的一个反映，可与制度目标挂钩，也可由管理者评定，后一种类型的奖金通常在年底发放，作为对全年工作的奖励。奖金与生产指标挂钩最具成效，也得与现实可行的生产目标相关，如母牛年分娩率、成活率、饲料报酬和对饲料药物、水电浪费的控制、大环境卫生等，但不要夸大奖金在报酬的重要性，它不是正常工资的替代品，必须考虑本地劳工的薪资水平与场内的实际情况。如发生了自然灾害、疾病及不可控制的事件，应保证职工的工资和员工的福利，也是对员工有实效管理的一个重要的策略。

制订合理的员工绩效考核方案，员工收入可实行有奖有罚、联产计酬的分配办法，同具体的生产任务、技术指标挂钩，多劳多得，少劳少得，不劳不得，提高每个员工的工作积极性。

牛场管理的核心是人员管理，因为只有管好人才能谈管好牛；人员管理最有力的工具是钱，薪资考核是关健，为调动员工的积极性，必须有一套完善的绩效管理办法。

5. 各岗位的职责是什么？

牛场场长岗位职责

负责牛场全面管理工作，组织落实本公司年度工作计划，指导、协调其他部门之间工作，协调和处理周边关系，解决纠纷问题。

负责质量安全、卫生防疫工作，按照公司年度下达生产目标、任务，制订季度、月度生产计划（外购、调进）、出栏（肥牛外调、销售）计划，落实和完成公司下达的各项经济指标。

负责的生产、日常事务处理，安排好员工的生活。

监督、检查各种管理制度、技术规范操作规程及流程在生产中执行情况，确保工作质量和工作效率。

负责监督购进牛群质量验收工作及组织场内肥牛出售工作。

负责控制牛场直接生产成本费用、管理成本费用。

定期主持召开生产例会，向上级领导汇报工作。

副场长（畜牧技术）岗位职责

遵守公司章程、遵守公司规章制度。

负责牛群的饲养管理工作，安排饲养员和牛粪清洁员工作，督促检查牛群、牛舍及周围环境的消毒工作。

负责监督实施各种技术规范操作规程、流程。

负责组织安排牛群的分群、分栏、空栏、隔离及编打耳号工作，并登记存档，每天必须巡场，掌握、了解牛群饲喂情况，发现问题及时解决，做好巡场详细记录。

按照牛的饲养方案，负责向饲料加工车间主管申报每天牛群需要的饲料种类、数量，并坚持跟踪入场的饲料质量，严禁霉变饲料入场、饲喂霉烂饲料。

督促检查牛场做好各项生产统计报表工作。

完成其他工作及领导交办的临时工作。

行政经理岗位职责

负责饲料原料、药品、工具的购进供应工作。

把好饲料原料、药品购进质量关。

负责原料购进后的仓储管理工作。

负责牛场资产管理和流动资金管理，遵守国家和公司财务管理制度。

负责员工考勤、工资申报和发放工作。

负责后勤保障工作，保证饲料原料、药品、工具等的及时供应，保证场内机器设备良好运转，保证场内流动资金充足。

服从公司安排，协助场长做好牛场全面管理。

完成公司下达给牛场的目标考核指标及临时下达的任务。

牛场现场主管的岗位职责

负责监督检查生产技术规范操作流程、规程，相关岗位职责是否按要求执行，保证工作质量和提高工作效率。

负责督促检查水电工定期对供水、电系统进行维护、检修，确保生产、生活正常用水用电供应。

每天检查各个生产环节、养殖设备、设施及劳动用具，发现安全隐患，及时排除隐患，确保生产顺利进行。

管理并安排好牛场清洁卫生工作，保证生产生活区域、道路的清洁卫生。

每天上下午必须巡视牛场，认真、仔细观察了解饲料质量、牛群饲养情况、环境卫生情况，并做好记录，发现问题及时解决，对重大问题要上报领导处理。

服从场长和公司领导的管理，完成领导交办的临时工作。

兽医主管岗位职责

负责管理牛场疫病防控工作，严格执行公司的防疫制度。

制订季、月度培训学习计划，按时组织兽医、饲养人员学习，熟练掌握消毒、免疫及疾病的防治基础知识，不断提高技术水平。

按防疫部制定的防疫程序，组织实施牛群的基础免疫、加强免疫、牛群的预防保健工作、牛场的消毒工作，定期对牛群进行抗体监测，定期驱虫，组织开展灭四害活动，预防和控制牛群的传染病发生，保证牛群的健康。

负责制订生物制品、医疗器械的需求计划，提交场部批准实施，制订牛场重大疫情发生应急方案。

组织安排兽医工作，每天上午、下午必须到牛舍巡视，全面了解牛群的疫病情况并做好巡场记录。

每周组织召开一次兽医工作沟通会议，及时主动与兽医人员沟通，分析当前牛群疾病状况，以便在今后预防、治疗工作中采取有效措施。

建立牛群免疫、消毒、保健、治疗和病死牛无公害处理养殖档案。

协助、配合完成其他工作，完成交办的临时工作。

牛场兽医岗位职责

自觉遵守公司制度，严格执行卫生防疫制度。

负责牛群的疾病预防与药物保健工作，按规定做好牛群的免疫接种工作，杜绝重大疫情的发生。

认真进行疾病诊断与治疗，对病牛要采取隔离观察，及时治疗，控制死淘率，必要时，进行尸体解剖，对病死牛进行无害化处理，治疗时，坚持按处方治疗的原则，并做好相关记录。

每天要认真、仔细观察牛群的采食、精神、呼吸、肢体运动、粪便状况，发现问题及时处理，有重大疫情出现，必须及时上报兽医主管，以便采取应急措施，记录观察情况。

加强专业知识学习，不断提高专业技术水平。

完成领导安排的临时工作。

牛场配种员岗位职责

负责做好后备母牛、空怀母牛的发情观察、发情鉴定和配种工作，并做好记录，填写母牛配种登记卡，交给畜牧主管归档。

负责种公牛的饲养管理工作，做好公牛的运动、梳洗和调教工作，协助畜牧兽医技术人员做好公牛的预防注射和诊断治疗工作。

按技术人员要求定期或不定期做采精检查。

在饲养员配合下负责配种母牛的转入、转出工作。

严格按照操作规程进行操作，特别注意消毒。

与兽医一起处理各类产科疾病，并做好记录。

完成公司和牛场安排的繁殖任务和临时工作。

饲养员岗位职责

自觉遵守牛场劳动纪律，负责牛群饲养工作，按时、按量饲喂牛群。

严格按照牛群饲养方案、技术规范流程及规程，对不同阶段的牛群进行分群分段饲养。

负责清理饲料中的杂质（泥沙、石子）、异物（塑料、铁丝、铁钉、布、线）和挑选出霉变、腐烂变质饲料，保证牛群吃上合格的饲料。

负责打扫自己饲养牛舍周边、食槽、通道的清洁卫生，清理辖区内杂质，爱护生产工具，并按要求排放整齐。

每天认真观察牛群采食、精神、排粪情况，清点牛数，发现牛群异常，及时上报，并协助兽医人员进行预防与治疗工作。

参加调群、赶牛工作，上班时间不串岗，不做与工作无关的事情。

参加技术培训、学习会议，提高养殖技术水平。

服从领导和现场主管的指挥，完成交办的临时工作。

牛场除粪员岗位职责

严格遵守牛场上班作息制度，在作息时间之外操作，发生的意外事故自行负责。

每天对自己负责圈舍的粪便彻底清理，把牛粪清到粪道或指定地点，做到圈舍卫生、干净。

每天工作完毕后，把工具冲洗干净并妥善保管；损坏公物，照价赔偿。

服从管理人员生产安排、调度，严禁私自转牛、阻碍调牛、对牛无故施暴；严禁放水冲牛粪，在水槽洗手、洗脚、洗粪铲。

禁止在牛场吵架、斗殴、寻衅滋事等行为；未经许可，不得代岗代班，不得把闲杂人员带入舍内。

牛只出现斗殴、卡住等紧急状况，迅速处理、报告。

完成公司及牛场安排的临时的工作，不得无故推卸。

牛场库管员岗位职责

遵守集团公司和牛场的各项规章制度，坚守岗位，尽职尽责，确保生产需求及时供给。

物资、药品、饲料、牛只等各种生产物资、设施设备进库时，必须现场验收、清点、计量，严格按公司规定办理入库手续，做到入库登记准确无误，清晰明了。

仓库中生产物资、饲料、药品等要分类管理，有标识，做到整齐有序，安全、取用方便；牛只存栏数，记录准确无误，有栋舍、栏位编号，账务记录要完善。

库管员每月亲自到场盘点，必须确保实际库存与账目平衡，如账物不符的，要马上查明原因，分清职责，若因失职造成损失的要追究其责任。

随时检查仓库存放物资，做好防火、防盗措施，注意通风防潮，防止霉变、虫蚀、过期、失效、变质。

所有物资（包括各种饲料、生产物资、防疫药品、办公用品、生活物资等）领用，必须有领用手续，做好物资进出库台账；物资外出时，严格执行“出门条”制度。

随时掌握物资库存情况，及时向分管领导汇报，提供采购计划，及时上报各项数据、报表、计划。

服从领导安排，完成公司及牛场安排的临时工作。

饲料加工主管岗位职责

遵守公司制度，负责牛场饲料加工的全面管理工作。

严格执行生产技术规范操作规程、流程，按照配方进行加工生产，保证向牛群提供优质、营养均衡的全混日粮。禁止供给牛群掺假、霉变、腐烂变质日粮。

负责合理组织、安排牛场 TMR 日粮、青草、青贮饲料、发酵酒糟的生产与储备工作，饲料车间必须备足供牛场一天的 TMR 日粮，三天的精料，保证牛群饲料正常供给，按时提供精、粗饲料需求计划，保证生产正常。

负责合理调配车辆配送饲料，车辆装载适量，避免路途掉落饲料，保质保量将饲料送到规定的栋舍。与行政部联系，安排好车辆、机械设备的保养与维修，保证设备随时安全运转。

负责填报饲料加工报表和汇报饲料加工生产工作。

负责饲料加工的安全工作，做到安全、文明生产。

组织召开饲料加工生产例会，积极参加牛场的例会。

协助其他部门工作，完成领导交办的临时工作。

牛场饲料加工员岗位职责

严格按照饲料配方加工全混合日粮，全混合日粮原料必须经称量后投料搅拌。

加工时，需添加保健药物（按防疫主管要求添加保健药物）或饲料添加剂必须坚持逐级预混后添加，保证搅拌均匀。

严格遵守饲料加工规范操作规程，科学、合理地使用机械设备，重视安全生产，防止安全事故发生。

全混合日粮加工搅拌均匀后，放料时，要清理完搅拌机里的饲料。

保证饲料库房和加工区域及周围环境清洁卫生，按要求清理回收一切废旧物资到指定地点存放。

保证生产正常运行，预备有 1d 的库存量。

领取饲料原料、预防药物等要坚持物资领用制度。

协助库管做好饲料原料的入库、堆码工作。

做好公司的领导安排的临时工作。

牛场水电维修工岗职责

负责全场水、电、生产设施设备等安装、维修工作。

热爱本职工作，刻苦钻研业务，坚守岗位，需维修时随叫随到。

持证上岗，严格遵守安全用水、用电规定，严禁违规操作，否则，发生安全事故自负。

经常检查水电设施、设备，做好日常维护、保养、检修工作，发现问题及时维修处理，发现隐患及时排除，保证生产、生活正常进行。

服从牛场管理，优先解决生产上提出的安装、维修、供水、供电问题，听从现场主管的指挥，保证牛场生产正常运转。

做好设备易损配件的预测，提供计划报告领导，做到仓库有货，以备设备发生故障能及时修复。

负责管理配电房、蓄水池的设备、设施。

勤俭节约，做好余料、废料的妥善保管和处理，提高余料、废料的综合利用。

妥善保管配备的公用具，如有遗失照价赔偿。

负责做好公司临时安排的工作。

第二节　信息资源管理

1. 如何管理档案?

把规模牛场养殖档案管理和牛场标准化建设工作结合起来实施。实行纸质养殖档案管理，同时实行电子养殖档案管理，建立专门的档案室，设立档案管理员 1～2 名，建立和完善档案管理制度及相应的目标岗位责任制度。

(1) 立卷归档。生产经营过程中形成的文件、材料应及时立卷，如需长期或若干年才能完成的工作或项目，采取阶段性立卷的方法，经常、不定期地搜集形成文件材料，待项目完成后集中归档，通常在次年 3 月底将上年卷宗归档完备。立卷归档要求：注重积累，做好经常性收集文件、材料的工作，做到收集工作的全面、完整、不遗漏，对有参考价值的文件、材料进行归档，拒绝有文无档的错误做法。

(2) 档案的保管。设置专门档案管理员进行档案的规范管理，由管理员对档案进行收集、整理、保存等工作。需由生产一线人员记录的档案资料则由档案管理员负责督促并整理，首先建立各类档案的书面材料，然后，根据书面材料建立电子档案以方便保存和查阅。除育种资料长期保存以外，其他所有记录要保存 2 年以上。按业务技术领域、技术人员、生产管理范畴等分类存放并分类编号，便于查找利用，发挥生产技术档案在科研、生产中的作用，促进生产力的发展和科技进步，查阅后档案资料要归还原处，爱护档案资料，不得污损、涂改、撕剪；加强对种牛档案的管理，符合国家相关规定，确保档案齐全、完整和准确。

（3）养殖档案的利用。建立档案的收进、移出登记簿，及时登记，每年末要对档案的数量、利用情况进行统计，发挥对生产的指导作用。

2. 如何管理精料补充料?

精料补充料产品质量控制的要求，包括出厂检验、定期检验、检验能力认证、产品留样观察等内容。

（1）出厂检验。对生产的饲料进行产品质量检验，检验合格的，应当附具产品质量检验合格证。未经产品质量检验、检验不合格或者未附具产品质量检验合格证的，不得出厂。产品出厂检验必须在企业的检验室由检验人员进行，并且批批要检验。只要签发了检验合格证，就意味着对产品的质量安全负责，与检验项目多少没有直接联系。

（2）定期检验。产品定期检验必须在企业的检验室由检验人员进行，不得委托其他单位进行检验。如果出厂检验的指标涵盖了定期自行检验规定的主成分指标，企业可以不再进行定期检验。

（3）检验能力的认证。验证能力认证的要求，其中对验证结果进行评价，至少要进行以下工作：① 预先设定符合性判定值。需要事先给出判定验证结果是否符合预期的检测项目的数值或误差值。② 对验证结果进行判定。要将每一个检验项目的两次或两个检验结果，按照预先设定的符合性判定值进行比对，给出检验项目的验证结果是否符合预期的设定判定值的结论。③ 对检验验证结果不符合预期的，要认真查找原因，总结经验和教训，并采取必要的纠正措施或预防措施。④ 在检测结果接近判定值的高限或是低限时，定要引起警惕，加大能力验证的频次。

（4）产品留样观察。产品留样的作用包括：为制定产品保质期提供基本数据；观察使用后的产品品质变化情况；作为产品投诉和召回时的实物对照；用作检验能力验证。

3. 如何管理兽药？

根据《兽药管理条例》第二十九条之规定，建立兽药的库存记录，查验记录和兽药处方记录等。

（1）建专用药房保存，建立库存记录。

（2）兽药验收入库。

（3）设立兽药存放架，便于兽药分类保存。

（4）设立明示签，应建立定期查验记录。

（5）依据兽药的特性贮存与保管。

（6）建立温湿度监控记录。

（7）建立健全兽药出库制度。

4. 兽药使用管理有哪些制度？

（1）建立兽药使用记录制度。

（2）建立兽药使用休药期制度。

（3）建立养殖用药档案。

（4）签订养殖场规范使用兽药承诺书。

（5）建立兽药使用监测记录。

（6）建立兽药质量管理制度和兽药质量管理档案。

参考文献

[1] 常晓龙．肉牛场的选址、规划与建设［J］．现代畜牧科技，2016（11）：162-162.

[2] 李瑞杰．河西走廊地区规模化肉牛场的规划设计与布局［J］．中国牛业科学，2017，43（2）：51-53.

[3] 张健，周鹏．牛羊健康养殖技术［M］．中国农业出版社，2016.

[4] 黄必志，王安奎，金显栋，等．云岭牛新品种的选育［C］//中国牛业发展大会．2014.

[5] 牛胜策，罗晓瑜，洪龙，等．影响肉牛直线育肥效果的因素分析［J］．黑龙江畜牧兽医，2015（2）：35-38.

[6] 刘丽．黄牛及其改良牛产肉性能和肉品质量分析及中国牛肉等级标准的研究与制定［D］．南京农业大学，2000.

[7] 李长宽．分割牛肉品质控制技术研究［D］．新疆农业大学，2015.

[8] 朱华彬，石有龙．牛繁殖技能手册［M］．中国农业出版社，2017.

[9] 潘存洋，巴图，田永刚．母牛的接产、助产及产后护理［J］．中国畜牧兽医文摘，2017，33（4）：169-169.

[10] 颜世波，王廷斌，戴志江．牛冷冻精液人工授精技术操作规程（输精部分）［J］．黑龙江动物繁殖，2012（2）：26-28.

[11] 朱玉林．胚胎移植图片教材［M］．农牧产品开发杂志社，2003.

[12] Paul，Beck，吴鑫．架子牛生产体系及其盈利要点［J］．中国畜牧杂志，2015，v.51（s1）：25-26.

[13] 左福元．轻轻松松学养肉牛［M］．中国农业出版社，2010.

[14] 蒋安，王琳．南方地区种草养牛技术［M］．重庆出版社，2013.

[15] 付龙，王树茂，宋斌，等．初生犊牛的饲养管理［J］．中国畜禽种业，2011，3：81-82.

[16] 拉珍．初生犊牛的饲养管理与疾病防制［J］．畜牧兽医，2016，485

(12)：116-118.
[17] 莫玉宝. 犊牛的护理及饲养管理 [J]. 中国畜牧兽医文摘，2016，32(8)：72.
[18] 袁庭忠. 犊牛的饲养管理 [J]. 湖北畜牧兽医，2013，34 (3)：99-100.
[19] 王梦，丛慧敏，吕善潮，等. 犊牛的饲养管理 [J]. 中国奶牛，2012，18：56-58.
[20] 王化启. 断奶犊牛的饲养管理 [J]. 吉林畜牧兽医，2014，12：61-62.
[21] 高飞，卢绪峰. 繁殖母牛的分阶段饲养技术 [J]. 河南畜牧兽医，2014，35 (4)：20-22.
[22] 罗明伟. 繁殖牛及育成牛的饲养管理 [J]. 中国畜牧兽医文摘，2014，30 (4)：47-48.
[23] 郝立建，高飞. 高档大理石花纹牛肉生产技术要领 [J]. 饲料博览，2014，4：54-55.
[24] 原小强，马平. 高档红牛肉和雪花牛肉生产关键技术 [J]. 中国牛业科学，2014，40 (6)：75-77.
[25] 高云集. 奶牛常见病控制及泌乳期的饲养管理 [J]. 北方牧业，2014 (6)：25.
[26] 孟宪泽. 肉牛母牛的饲养管理程序 [J]. 黑龙江畜牧兽医，2009(8)：74-75.
[27] 徐伟. 肉牛常见传染病综合防治技术 [J]. 吉林农业，2011(6)：256.
[28] 陈小花，应小红. 牛病毒性腹泻的症状诊断和防治措施分析 [J]. 农民致富之友，2017 (16)：194.
[29] 王莉. “酿酒-养牛-种植双孢菇”生态循环生产模式 [J]. 中国园艺文摘，2012 (5)：137-138.
[30] 向应海，朱邦长. 草地建植与利用技术 [M]. 贵州民族出版社，2000：10.
[31] 韩建国，马春晖. 优质牧草的栽培与加工贮藏 [M]. 中国农业出版社，1998：2.
[32] 陈家振，刘孝德. 农区种草养畜实用技术 [M]. 中国农业出版社，2000：12.